先进制造技术丛书

机电产品绿色回收与再利用技术

Green technology of recycling and reusing for end of life mechanical and electrical products

戴国洪　周自强　等编著

U0390131

机械工业出版社

本书主要针对工业生产过程中以及居民生活中所产出的废旧机电产品的回收和处理问题进行分析和研究。其关注点不仅仅局限于机电产品的再制造，还从回收策略、拆解策略、以及后续的清洗技术、检测技术、材料再生技术等多视角进行分析和讨论。总体上着眼于可持续发展和绿色发展的理念。本书不仅可作为绿色制造领域中本科生和研究生的参考书，也可作为大众的科普读物。

图书在版编目（CIP）数据

机电产品绿色回收与再利用技术/戴国洪等编著. —北京：机械工业出版社，2018.12

（先进制造技术丛书）

ISBN 978-7-111-61365-7

Ⅰ.①机… Ⅱ.①戴… Ⅲ.①机电设备-废物回收②机电设备-废物综合利用 Ⅳ.①X76

中国版本图书馆 CIP 数据核字（2018）第 252739 号

机械工业出版社（北京市百万庄大街 22 号　邮政编码 100037）

策划编辑：余　皞　责任编辑：余　皞

责任校对：张　薇　封面设计：张　静

责任印制：李　昂

河北鹏盛贤印刷有限公司印刷

2019 年 7 月第 1 版第 1 次印刷

184mm×260mm · 9.25 印张 · 226 千字

标准书号：ISBN 978-7-111-61365-7

定价：68.00 元

电话服务　　　　　　　　　　网络服务

客服电话：010-88361066　机 工 官 网：www.cmpbook.com

　　　　　010-88379833　机 工 官 博：weibo.com/cmp1952

　　　　　010-68326294　金 书 网：www.golden-book.com

封底无防伪标均为盗版　机工教育服务网：www.cmpedu.com

前　言

随着我国工业化和城市化程度的提升，居民生活中家用电器的种类和数量不断增加，其中淘汰和退役的家用电器也越来越多。另一方面，随着工业企业的增加，在工业生产过程中被淘汰和退役的机电产品也越来越多，如各类机床、车辆等设备。对这些废旧机电产品如果不加以妥善的处理，不仅会占用存储空间，还存在环境污染的问题。但是从另一个角度来看，这些废旧机电产品又是一笔巨大的资源，如果加以合理利用，不仅能减少自然资源开采，还能减少资源利用过程中的能源消耗和碳排放。正是在这样的大背景下，2014 年在江苏省教育厅的批准和资助下，江苏省成立了机电产品循环利用技术重点建设实验室并开展了相关的研究。

本书共分 8 章，其中第 1 章为绪论，从总体上介绍了机电产品回收再利用在国内外发展和存在的主要问题。第 2 章为机电产品回收再利用的评估方法，分别从环境的角度、价值的角度和产品生命周期的角度对机电产品的可回收性，以及具体的回收策略进行了相关的理论建模和分析评价。第 3 章为机电产品拆解工艺与拆解技术，主要从工艺装备的角度分析了废旧机电产品的拆解模式和装备，不仅分析装备的布局形式，还从控制和信息管理的角度探讨了解决拆解过程中不确定性问题的方法和思路。第 4 章介绍了机电产品再利用的清洗技术。第 5 章介绍了机电产品再制造技术。第 6 章介绍了机电产品回收再利用过程的检测技术，包括拆解过程、再制造过程和后处理过程中所涉及的检测技术及其特点。第 7 章介绍了材料回收与再利用技术。对于无法再利用或再制造的零部件，通过破碎、分选和再生等工艺环节，将其转换为可替代原生资源的材料产品也是机电产品回收再利用的重要途径。第 8 章结合实验室的科研课题和若干合作企业的工程案例，对机电产品回收与再利用的典型应用进行了介绍。其中第 1 章由戴国洪撰写，第 2 章由周自强撰写，第 3 章由戴国洪撰写，第 4 章由戴国洪、谭翰墨撰写，第 5 章由周自强、徐正亚，第 6 章由周自强、戴国洪撰写，第 7 章、第 8 章由周自强撰写。全书由戴国洪、周自强负责统稿。

本书获益于国家科技支撑计划、江苏省科技支撑计划、江苏省产学研前瞻联合研究项目、江苏省科技成果转化重点项目、江苏省"333 工程"、江苏省高校自然科学研究重大项目等科研项目的支持，基于作者所在科研团队在机电产品绿色回收与再利用领域内的系列化科研成果，并结合了多个合作企业的工程应用而形成。同时也是在江苏省机电产品循环利用技术重点建设实验室建设经费的资助下完成的。

在本书的撰写过程中，得到了实验室学术委员会主任刘志峰教授的支持和指导，也得到了南京航空航天大学唐敦兵教授的指导和帮助，还得到了京津冀再制造产业技术研究院院长张伟教授的指导和帮助。此外，本书的撰写还得到了孙德勤、胡朝斌、章永健、应文豪及实验室联合培养研究生吴兆仁、杨二枫、曹娟、张翔燕、魏信等同学的支持，在此也一并致谢。

在本书的撰写过程中，参考了大量国内外同行的论著或文献，在此，向这些作者表示衷心的感谢。同时，特别鸣谢：江苏华宏科技股份有限公司，柏科电机（常熟）有限公司，中国重汽集团济南富强动力有限公司，常熟天地煤机装备有限公司，无锡革新数控有限公司，清远市东江环保技术有限公司。

由于作者水平有限，书中难免存在一些局限和错误之处，恳请读者给予批评指正。

作　者

目　录

第 **1** 章

绪　　论

1.1　可持续发展的趋势与要求

自工业革命以来，数百年间人类社会人均消耗的自然资源比古人高出了 1000 多倍。各种自然资源的储藏量大幅度下降，按照目前的消费速度，储量最多的铁矿石也将在 200 多年内消耗殆尽，有些矿产资源将会在数十年内消耗完。

1972 年，在瑞典斯德哥尔摩召开了"联合国人类环境会议"，其意义非常重大。该会议第一次在世界范围内从各国政府层面提醒人们必须改变那种习以为常的"世界实际是无限的"概念，因而被认为是人类社会开始深刻思考环境与发展之间关系的一个重要的标志性会议。1988 年，联合国理事会全体会议通过了《我们共同的未来》报告，第一次正式提出了"可持续发展"的概念，报告指出：要解决人类面临的各种危机，只有改变传统的发展方式，实施"可持续发展战略"才有出路。1992 年，在巴西里约热内卢召开了"联合国环境与发展大会"，会议充分体现了人类社会关于可持续发展的新思想，使得这次大会成为人类社会转变传统发展模式和生活方式并走可持续发展道路的里程碑，会议通过的几个重要文件，如《里约热内卢环境与发展宣言》、《21 世纪议程》、《联合国气候变化框架公约》等，对全球经济、社会发展、环境保护、消费模式，甚至是外交关系产生了重大影响。"可持续发展"强调人类应当学会珍重自然、爱护自然，把自己作为自然一员，与自然和谐相处，把它作为人类发展的一种基础和生命源泉，彻底改变认为自然界是一种可以任意盘剥和利用的错误态度。

出于环境保护目的，以德国为代表的西欧各国从 20 世纪 60 年代开始对废弃物回收利用进行立法。最初的立法主要集中在污染末端治理思路上，但随着对开放性、消费型工业化生产方式弊端认识的深入，70 年代发达国家开始对生产所需原料进行从摇篮到坟墓的全程控制，即 3R 原则（Reduce，Reuse，Recycle）。3R 原则主要着眼于生产过程中所需物料的减量化、重用及循环利用，注重从源头上减少废弃物的产生和排放，是产业废弃物处理的一个有效途径，也即通常所说的资源循环利用。

根据报废机电产品上零部件不同的退役状态，分别选择"再使用""再循环""再制造"方式对其进行循环再利用，最大限度地发挥其潜在的剩余价值，是报废机电产品高效循环利用的最佳形式，也是建立"环境友好型、资源节约型"社会并实现经济社会可持续发展的具体标志和基本要求。为此，国家制订了一系列政策，鼓励发展报废机电产品循环再利用产业。在这种背景下，一大批社会资本进入到报废机电产品循环再利用产业领域，使得产业规模快速扩大，形成了新的经济发展热点和亮点。但是，在看到节能环保和报废机电产品循环再利用产业存在巨大商机的同时，也不能忽视现阶段我国报废机电产品循环再利用产业投资过程中所存在的问题甚至是风险。

1.2 机电产品绿色回收与再利用的意义

随着我国成为世界制造业大国，在役机电装备规模逐渐扩大。据中国国家统计局统计，2014年我国汽车、矿山专用设备、炼油及化工生产专用设备、金属切削机床产量分别为2372.52万辆、786.2万吨、241.1万吨和85.5万台，当前我国已进入机电产品报废的高峰期。在机床领域，据中国机械工业联合会统计，我国现有机床量达800多万台，这些机床将面临各种形式的报废，预计"十三五"期间将有100多万台机床面临报废，实际上我国已经成为全球机床保有量和报废量最大的国家。在工程机械领域，到2016年，中国工程机械产品的报废量已达到700多万台以上。在家用机电产品领域，以电脑、洗衣机、汽车、电视机、电冰箱等为主的机电产品报废数量更是惊人。2016年，我国汽车保有量已经突破了1.84亿辆，预计到2020年，我国汽车报废量将达1500多万辆；且家用电器开始进入更新的高峰期，以电视机、电冰箱、洗衣机为例，其年均淘汰数量将超过1.37亿台；到2031年，预计计算机的年均废弃量将超过1.5亿台。这些废旧的机电产品在生产环节消耗了大量不可再生的自然资源，退役后若不能合理利用将产生巨大的资源浪费与环境污染，严重制约国民经济的可持续发展。

预计"十三五"期间，平均每年因淘汰落后生产能力需报废的设备原值将超过3000亿元，残值150亿元，综合重量达到1000万吨。

1.2.1 降低资源能源消耗

根据中国国家统计局的数据，2014年我国的能源消费总量为425806万吨标准煤，能源生产总量361866万吨标准煤，万元产值能耗0.66吨标准煤。从以上数据分析可知，我国目前依然存在能源消耗量大于能源生产量的问题。

机电产品回收再利用包括零部件再利用、材料循环利用和零部件再制造。再制造以机电产品服役报废后的半生资源、能源、材料最优化循环再利用为目的，结合先进制造技术的资源、材料、能源再利用、再加工、再生产活动，旨在将废旧机电产品以及废旧零部件修复或再加工成为和原机电产品以及零部件性能相当或者高于原产品的再制造机电产品，而其成本相比新制造产品或零部件要更节能、节材，并且对环境气候等的不良影响与制造新产品或零部件相比要显著降低。由此可见，发展机电产品循环再利用可丰富我国的循环经济内涵，促使国民经济迅速地步入循环经济轨道。

1.2.2 建设可持续发展社会

可持续发展是当今社会和谐发展的必然趋势，是衡量一个社会发展水平高低的重要标志之一。传统的制造业发展模式为"线性结构"的制造模式，可持续发展理念促使这种传统的制造业发展模式发生了革命性的变化，使其发展为闭环的"循环型结构"制造模式，它对于缓解国内资源浪费与短缺的矛盾，保护国家的生态环境，最大化地再利用废旧机电产品所包含的巨大财富，具有重要的现实意义。再制造作为社会资源循环再利用的最佳方法，能够使废旧产品获取多个生命周期的循环再使用，实现产品自身的可持续发展的目的，达到节约能源、节省材料、减少环境污染、创造良好的经济与社会效益。

1.3 机电产品再利用的国内外现状

再制造工程是一个资源与能源潜力巨大、社会经济效益显著、环境保护作用突出、符合社会可持续发展的绿色工程和新兴产业，吸引了国内外业界和学术界的广泛关注。再制造是绿色制造技术的重要组成部分，过去的二十年里，全世界特别是美国、欧盟和其他一些经济发达的工业化国家已经广泛地研究了再制造技术，它们在产品的再制造研究方面取得了很大的成就，也取得了很大的经济效益和社会效益，而且还制定了比较完善的再制造技术的制度与标准。发展中国家同样也在再制造方面进行了大量有效的研究，并取得了一定的研究成果。

1.3.1 国外发展现状

20 世纪 80 年代末 90 年代初，在布兰特夫人于 1987 年向联合国提出的可持续发展理念指导下，基于清洁生产和生态工业学实践的基础上，企业及产业内的资源循环利用扩展到了产业与产业之间，并通过流通领域将整个社会生产体系的物质循环利用联系起来，形成市场配置与政府规制相结合的资源循环利用体系——循环经济。随后，循环经济开始在德国从理论探讨进入政治诉求。1996 年德国颁布实施《闭合可持续循环与废弃物管理法案》（Closed Substance Cycle and Waste Management Act）。根据这份法案和德国国内学界的认识，循环经济是指：将废弃物的处置过程加入到原有的产品研发、制造、售卖、消费四个步骤中去，形成第五个步骤并从而在社会再生产领域构成资源闭合循环的一种经济模式（图 1-1）。其基本内涵包括：新技术的产品应用、产品责任、处置标准、经济杠杆以及国际合作五大领域。德国循环经济理念是通过新的生产方式实现资源在生产领域的闭合循环，产品生命周期中实现资源循环利用是其核心内容。

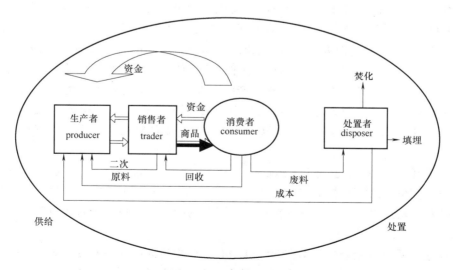

图 1-1 德国供给与处置相结合的废弃物循环处置体系

美国在物质资料使用及消费领域曾以其高产出、高消费、用后即弃的抛弃型经济模式而著称。然而从 20 世纪后期开始，美国的经济模式正在逐步从抛弃型向再利用/循环（reuse/recycle）经济模式转变，这种转变在废金属及废纸的回收利用上表现最为明显，目前美国56%的钢产量来自废钢回收。在纸张的循环使用上同样如此，其再生纸的质量完全可以满足各层次的需要。随着对资源综合利用认识的深入，美国国内关于可再生资源利用的各种理念也随之兴起，较有影响的是 20 世纪 70 年代开始形成并逐步成为主流的环境可持续的经济发展模式，这一模式的基本特征之一就是强调物质循环作用，认为其是清除环境污染，实现资源永续利用及环境可持续发展的关键环节。目前，新的环境可持续的经济发展理念在美国已为越来越多的人所接受，已经从理念步入国家立法实施的阶段。20 世纪 80 年代以来，美国国会通过了一系列的法规，从废弃物回收处理技术、各州之间法规的协调、扩大美国环境保护署权限、增加国家资金投入等多方面推动了美国环境保护及废弃物的综合回收利用。为实现可持续发展，美国学者近年来进一步提出了生态经济（Eco-Economy）这一概念，指出了人类经济系统从属于自然生态系统。也就是说，人类的发展并非像经济学家以前所认为的那样可以依靠技术进步无限制的进行下去，而不必顾及资源的衰竭（因为衰竭的资源将被替代）。现在，人类必须考虑如何有效地利用资源、保护环境，使自然生态系统能够持续地支持人类社会、经济系统的发展。对此，生态经济学家提出，人类社会经济系统应该与自然生态系统一样，对物质和能量进行充分循环，因此，如何有效地循环利用生产、生活中产生的使用后的物质和能量成为了可持续发展的关键环节。美国历来重视生产环节的资源综合利用和环境保护，注重以实际行动推进其国内的资源综合利用与环境保护，而没有过多考虑理念体系的研讨，属于实践推进类型。美国的纸张、玻璃、钢铁、包装废弃物等资源综合利用产业十分发达。以生态经济理念指导的社会再生产体系也已经在形成当中，其核心内容也是加强资源的综合利用——这是美国在可持续发展大形势下的必然选择。同时也从另一个侧面反映了资源循环利用作为防止资源浪费、保护生态环境、实现经济与社会协调发展的实质性内容。

日本作为一个资源与环境均十分脆弱的岛国，历来十分重视资源的有效利用。从 20 世纪 60 年代开始便颁布实施了一系列的法律、法规，加强环境保护，促进资源综合利用。2000 年，日本颁布实施《推进建立循环取向社会基本法》（Basic Law for Promoting the Creation of a Recycling-Oriented Society）。这份法律的颁布使日本成为世界上第一个以建立循环型社会为目标的国家。2002 年 2 月，日本通产省发布由废弃物及循环利用分委会、环境委员会、产业结构委员会共同制定的《促进循环取向的经济体系》（Toward Advancement of a Recycling-Oriented Economic System），向实现其"循环取向型社会"目标又迈出了关键的一步。

对于"循环取向的经济体系"（Recycling-Oriented Economy System），这份文件是这样定义的："它是这样一个经济体系，在工业和经济行为的各个方面都建立起用于保护环境、保持资源的措施；从过去几乎不考虑保护环境和资源的社会转变成一个将经济和环境结合起来的社会"。

为推进这一循环型社会，日本在 20 世纪 90 年代中后期便开始有目的地构筑起与循环型社会相适应的法律体系（图 1-2）。目前，日本的循环型社会立法已经初具规模。

从立法体系中可以看到，促进资源的循环利用是日本循环型社会的核心内涵和基本实现

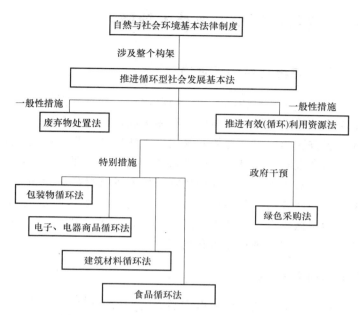

图 1-2 日本构筑循环型社会的基本法律体系

途径。

1.3.2 国内发展现状

在国内，中国工程院徐滨士院士及其带领的研究团队研究了机械零部件表面修复技术，总结了一些常规的修复技术，同时还对汽车发动机进行了再制造试验，获得了质量可靠的再制造汽车发动机。此外，还针对部队的武器装配修复和再制造进行了研究。以再制造研究为核心，国内各高等院校也取得了丰硕的成果。清华大学与深圳至卓高飞科技有限公司进行产学研合作，研究了电子电器的回收处理技术和机电产品绿色设计技术。与美国通用、福特汽车公司合作，上海交通大学开展了轿车的回收再制造研究。合肥工业大学一直以来在家用电器等产品再制造方面作了许多研究工作，主要涉及产品的绿色设计、回收、拆解以及再利用技术等。机械科学研究院对清洁生产进行了研究，主要针对废旧机电产品的包装，以及废旧车辆的拆解与回收技术，为废旧机电产品再制造提供了一定的技术支持。重庆大学在退役机床再制造设计与评估方面研究了多年，取得了丰硕的成果。山东大学等针对工程机械的再制造问题，主要是装载机再制造方面有较为深入的研究。朱胜等研究了处于寿命末端的产品的可再制造性，从废旧产品可再制造性影响因素的角度来判定其能否再制造，对具有可再制造性的零件建立再制造加工模型。刘光复等提出了主动再制造的概念，采用博弈论对主动再制造时间区域的确定方法进行了研究。李娟等运用质量功能展开工具（QDF）、故障模式与效应分析工具（FMEA），分析了再制造设计过程中的质量信息传递，建立了以物料清单（BOM）为质量信息管理支持的再制造产品设计系统模型。杜彦斌以机床为研究对象，在机床的生命周期过程内进行再制造评估以及再制造综合提升，并考虑了机床再制造的经济、技术、资源、环境等评估指标，分析了机床再制造的综合效益评估结果。

1.4 机电产品回收与再利用主要技术领域

1.4.1 机电产品回收与再利用的评估方法

机电产品的回收与再利用涉及环境保护、物流运输、拆解、再制造产品质量监管等多个领域，需要从政策层面、技术层面、市场层面等多角度进行分析和综合。首先需要政府层面根据产品的类型和处置方法制定出合理的监管文件；然后是回收企业根据废旧机电产品的特点和分布情况，制定出合理的回收策略与回收路径。接着才需要拆解处理企业从技术层面来制定最优工艺路线。最后对于无法直接利用的零部件要进行材料再生和最终废弃物的无害化处理。因此，机电产品的回收与再利用得在上下游之间，以及每个层级内部进行方案和工艺路线的选择与评判。为了做出合理的评判，必须从环境影响、逆向供应链、产品生命周期、产品的可再制造性等不同的视角进行评估和判断。

1.4.2 机电产品的拆解技术

科学、高效的拆解技术既能使废旧机电产品的附加值得到提高，从而为拆解企业带来可观的经济效益，同时对环境保护、能源节约有着积极的作用。

机电产品循环利用的高效拆解技术主要包括：拆解工艺、拆解工具、拆解装备以及拆解过程数字化等。

1.4.3 机电产品的再制造技术

机械设备经长期使用后会出现功耗增大、振动加剧、严重泄漏等问题，这些现象的发生都是零件磨损、腐蚀、变形、甚至出现裂纹造成的。再制造技术是以废旧机械零部件作为对象，恢复废旧零部件失效部位的原始尺寸、恢复甚至提升其服役性能的材料成形技术手段的统称，可节省成本 50%，节约能源 60%，节约材料 70%，顺应可持续发展要求，具有广阔的产业前景。

1.4.4 机电产品的材料分选与再生技术

固体废物分选是实现固体废物资源化、减量化的重要手段，通过分选将有用的成分分选出来加以利用，将有害的充分分离出来。或者将不同粒度级别的废弃物加以分离。分选的基本原理是利用物料某些特性方面的差异，将其分离开。例如，利用废弃物中的磁性和非磁性差别进行分离；利用粒径尺寸差别进行分离；利用比重差别进行分离等。根据不同性质，可设计制造各种机械对固体废弃物进行分选，分选包括手工捡选、筛选、重力分选、磁力分选、涡电流分选、光学分选等。

材料的再生技术是指将分选后的可用成分进一步除杂或提纯，加工成可以再利用的再生材料，并返回到工业生产领域中进行利用。材料再生的另一个思路是将分选后的可用成分加入一定的改性剂或其他成分，然后直接制成可利用的产品原料，如木塑材料、泡沫玻璃等。

第2章
机电产品回收再利用的评估方法

2.1 概述

废旧机电产品退役之后有多种回收途径和处理方式，在不同的国家和地区考虑到工业基础和人力成本的不同，其处理方式也是有所区别的。总体而言，对废旧机电产品的回收和处理应当是在保证环境效益的前提下尽量提高处理企业的综合经济效益，否则对废旧机电产品的处理就无法实现长期可持续的发展。为此，如何根据区域内的经济状况和工业化水平来找出一种最适合的废旧机电产品的回收策略、处理工艺，就需要从环境、价值等方面进行评估，并根据评估结果找到一条优化的处理策略和工艺路线。

2.2 环境影响评估

2.2.1 基于污染排放的评估

对于机电产品中的有害物质目前主要的国际标准化组织都发布了相关的标准和细则。这些有害物质主要包括对环境有害的汞、镉、铅等金属元素，以及可能危害人体健康的材料，如石棉、氟氯化碳等。

在机电产品的循环利用过程中，如果废旧产品因为采用过时的技术而导致有害物质的排放超过相关标准，那么就没有必要对其进行再利用和再制造。即便是对其进行材料再利用，也应该通过先进的技术手段来控制其中的有害物质，避免对环境造成二次污染。

对污染排放的评估包括对环境的影响、对资源（包括能源）消耗的影响和对工作环境的影响 3 项指标，对输入输出清单进行分析，以边界条件为基础，定量分析材料寿命周期中的能源、资源需求以及材料范畴下排放出来的废气、废水、废渣、振动、噪声，并将定量分析结果编列成表进行对比评价。目前主要从以下的三个方面进行分析和评价：

（1）**废水产生指标** 废水产生指标首先要考虑的是单位产品的废水产生量，因为该项指标最能反映废水产生的总体情况。但是，许多情况下单纯的废水量并不能完全代表产污状况，因为废水中所含的污染物量的差异也是生产过程状况的一种直接反映。因而对废水产生指标又可细分为两类，即单位产品废水产生量指标和单位产品主要水污染物产生量指标。

（2）**废气产生指标** 废气产生指标和废水产生指标类似，也可细分为单位产品废气产生量指标和单位产品主要大气污染物产生量指标。

（3）固体废物产生指标 对于固体废物产生指标则简单一些，因为目前国内还没有像废水、废气那样具体的排放标准，因而指标可简单地定为"单位产品主要固体废物产生量"。

2.2.2 资源利用的角度

从资源利用的角度来看，废旧机电产品的回收处理可以从正负两个指数来进行评价。其中对于原生资源的消耗按照负指数进行计算，包括回收处理过程中水、煤炭等资源的消耗指数，还包括零部件再制造过程中对于稀土等资源的消耗。对于不同的资源，可按照其自然储量来设定权重系数。同时对于再利用过程中产生的再生资源以正指数进行计算。按照所生成的再生资源的类型、价值来设定权重系数。总的计算方法可以用式（2-1）来计算。

$$R = \sum_{i=1}^{m} Q_i C_i - \sum_{j=1}^{n} Q_j D_j \tag{2-1}$$

式中，R 为评价指标；Q_i 为处理过程中所产生的第 i 项再生资源的质量，C_i 为对应的权重系数；Q_j 为处理过程中消耗的自然资源的质量，D_j 为对应的权重系数。

2.2.3 能源消耗的角度

由于废旧机电产品回收处理过程涉及拆解、运输、再制造、破碎、材料处理等多个环节，其中消耗的能源包括煤炭、石油、天然气等一次能源，也包括电能等二次能源，因此直接计算能源消耗较为困难。对此可采用目前国际通用的碳排放指标来进行度量和评估。目前绝大多数的工业过程和工艺技术都给出了碳排放的计算方法和折算因子，此外，碳排放虽然不完全等同于能耗，但是与能源消耗是线性相关的。

废旧机电产品回收与再利用的碳排放过程如图 2-1 所示。

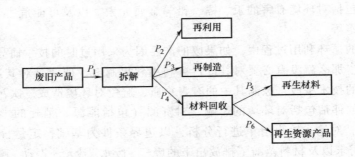

图 2-1 废旧机电产品回收与再利用的碳排放过程

一般废旧机电产品的回收过程可以用图 2-1 来表示，其中各工艺环节的碳排放指数分别为 P_1、P_2、P_3、P_4、P_5。机电产品回收处理的后端会产生大量的固体废料，如废玻璃，如果将其回炉生产新玻璃，即便忽略运输成本，其重新熔炼的碳排放水平也是远远高于加工成再生资源产品的碳排放水平。因此对于废玻璃而言，可以将其加工成玻璃粉然后进一步利用。

2.3 机电产品的生命周期评估

自产品生命周期的概念出现以来，早期主要是出于市场营销的产品生命周期概念，也就是产品的市场生命周期。其专指产品的开发、投产、成长、成熟到最终走向衰亡并完全退出市场的过程（图2-2）。后来随着可持续发展理念的出现，产品生命周期的概念从市场概念扩展到了具体产品，从需求分析、设计、制造、使用、维修到最终回收处理的全过程，一般可定义为产品的使用生命周期。这两个过程在内涵和时间上看是不重合的，产品的市场生命周期一般是指产品大类的市场过程，而产品的使用生命周期一般是指具体产品的使用、退役和回收的全过程。

不同领域的产品，其市场周期和使用周期有着很大的区别。有的产品从大类来说，自其出现以来就从未进入衰退期，只是随着技术的发展在产品小类上不断地更新换代，如汽车、电梯等产品。当然在其产品大类中，随着局部技术的发展，某些部件也存在上述的市场周期。而有的产品则随着新发明的出现被迫提前退出市场，如磁带式随身听

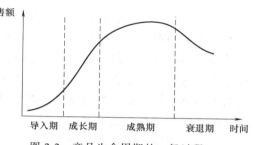

图2-2 产品生命周期的一般过程

被更小巧的 MP3 所替代。早期生产的随身听产品能够完成全部的使用寿命，而处在市场替换期所生产的随身听产品尽管使用寿命没有结束，但是也被提前退役，其实质是产品的消费生命周期已经结束。对于这个阶段的产品即便能够有效地进行再制造，但从市场角度看已经没有任何实际意义。因此，必须从产品生命周期的角度对废旧产品的可再制造性和再制造策略进行综合分析和评估。

2.3.1 机电产品回收再利用的生命周期评价模型

以汽车为例，虽然其产品大类在进入成熟期后一直在稳步发展。但随着消费者时尚理念的变化和制造企业的市场策略，汽车制造企业每过三至五年就会对一款具体车型推出其换代车型。相对于上一代车型，新车型主要在外观、内饰和配置方面进行重新设计和提高。另外，随着技术的发展，总成和部件也会更新换代，但是这种部件的更新换代周期一般大于产品子代的更新周期。

从产品使用的时间角度来看，其使用生命周期一般要大于其市场周期，当产品完成使用寿命后就开始进入退役过程。其退役过程同样存在一定的周期现象。以第一代产品 I 的退役周期为例，如图2-3所示用 I 表示。两个峰值之间的时间是该产品的额定使用寿命，同时 I 的峰值时间也是该产品的退役高峰期。由于部分产品提前退役和部分高质量产品的延后退役，产品的退役周期曲线的分布区间要大于其产品的市场周期曲线。从产品的退役周期曲线可以看出，在其退役期间市场上正在销售的可能是其同代产品也可能是换代产品。

从用户接受的角度来看，如果产品在退役期间所面对的是产品大类的换代，如前述的 MP3 替代随身听，对退役产品进行再制造后的产品是不存在任何市场空间的。如果所面对的是产品子类的换代，对其进行再制造仍然可能存在一定的市场空间。

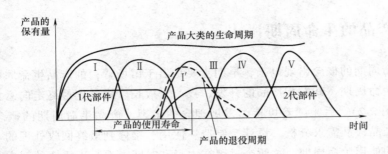

图 2-3   产品生命周期模型

如图 2-3 所示的产品生命周期模型，可以对产品生命周期背景下的可再制造性进行分析，并形成再制造策略的选择方法，其决策流程如图 2-4 所示。可将退役产品的再制造分为三种情形。第一种是退役产品与当前市场正在销售的主流产品在技术上仍属于同代产品，且再制造工艺过程仍满足企业的成本利润条件，即可对其进行再制造处理。第二种是退役产品所面对的不是同代产品，则判断其是否可通过更换部件的方式来升级。如果能够进行功能升级且再制造工艺过程的成本利润满足企业要求，则可对其进行升级再制造然后重新进入市场。第三种是当退役产品不适合直接进行再制造和升级再制造时，判断其通用部件或模块是否与市场产品为同代产品，如果是同代产品，且再制造的成本利润分析满足企业要求，则可将其作为部件再制造来处理。

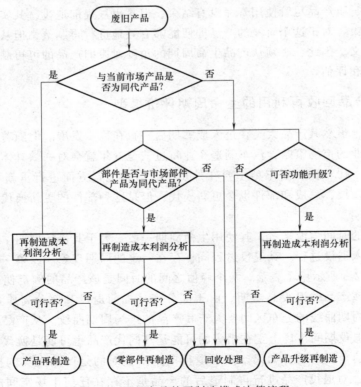

图 2-4   退役产品的再制造模式决策流程

从再制造企业的角度来看，再制造过程的成本利润分析结果是决定退役产品是否可进行再制造的关键因素。针对一般的产品再制造基本流程（图2-4），可定义再制造过程的成本模型为：

$$C = nC_R + n\sum_{i=1}^{q} C_i + n\rho C_g \qquad (2\text{-}2)$$

式中，n 为废旧产品的批量数；C_R 为废旧产品的回收成本；包括购买和运输环节的成本；C_i 为再制造过程中各工艺环节的成本；q 为再制造工艺的环节总数。

由于废旧产品经过拆解后，部分零件由于发生破损或失效且没有修复价值，在最后的装配环节中需要用新零件来进行替换。这种破损或失效用系数 ρ 来定义，重新制造或者购入的新件成本为 C_g。对特定型号产品的再制造来说，ρ 可看作是相对稳定的常量。

再制造产品一般不能按照新品同样的价格进行销售，其出售时应根据同规格新品的价格进行折算，定义 λ 为折算系数。P_m 为新品的市场价格。再制造产品的毛利为：

$$P = nP_m\lambda - nC \qquad (2\text{-}3)$$

按照毛利润的一般定义和再制造产品批量的约束条件，只有满足一定的规模效益，才能保证固定成本的收益。据此，可定义再制造产品成本利润分析的一般性模型：

$$\text{Max}R = \frac{nP_m\lambda - nC}{nP_m\lambda} \qquad (2\text{-}4)$$

$$st \quad n \geqslant N$$

其中经济批量的门限值 N 可根据技术经济的一般性方法进行确定。

对于产品升级再制造而言，除了上述的一般性再制造环节，还增加了购买和更换功能部件的成本，上述模型中的成本 C 扩充为：

$$C = nC_R + n\sum_{i=1}^{q} C_i + n\rho C_g + nC_f \qquad (2\text{-}5)$$

式中，C_f 为功能部件的采购成本。

对于部件再制造，其再制造的工艺流程与产品再制造基本相同，需要强调的是，由于部件再制造的利润空间小于产品再制造，因此，规模化、自动化的再制造装备是再制造企业必须投入的固定成本。此时再制造批量 n 成为影响成本利润分析的关键因素。

2.3.2 应用实例

实例2-1

钻铣床是一种中小企业中较为常见的生产设备。随着使用年限的增加，其导轨、主轴等部件的精度会丧失，从而不能保证被加工零件的质量，于是只能报废处理。这里以废旧小型钻铣床的再制造为例进行分析。小型钻铣床具有较长的市场生命周期，虽然目前仍然有一定的市场空间，但是其市场份额和利润空间都已经有很大的降幅。

对废旧小型钻铣床而言，有两种可能的再制造方案，一种是通过直接再制造恢复其性能指标，另一种是通过将钻铣床主要传动部件替换为步进电动机驱动，并加装基于PC的软件数控系统，将其升级再制造成小型的数控钻铣床。表2-1为某小型钻铣床直接再制造的成本利润分析，表2-2为该小型钻铣床升级再制造的成本利润分析。

小型钻铣床直接再制造以分散制造为主，不需要专业生产线，根据主要工具设备的成本可计算出经济批量为 50 台/年。在具体再制造过程中有部分零件如轴承等需要进行更换，其更换率为 60%。另外再制造后的产品应根据市场上的新机价格来折算。由于小型钻铣床已经处在产品生命周期曲线中的衰退期，新机价格为 7700 元。这里取 0.7 的价格折算系数，可计算出直接再制造的毛利率为 7%。

表 2-1　某钻铣床直接再制造成本利润分析

C_R	C_i	C_g	P_m	R
800	C_1拆解：600	520	7700	7%
	C_2清洗：300			
	C_3零件再制造：3200			
	C_4装配：600			
	C_5检测：300			

表 2-2　小型钻铣床升级再制造成本利润分析

C_R	C_i	C_f	P_m	R
800	C_1拆解：600	调速电动机：600	28500	43.6%
	C_2清洗：300	伺服驱动：6000		
	C_4装配：1200	导轨：580		
	C_5检测：500	软件数控系统：2200		
	合计：2600	合计：9380		

数控小型钻铣床的市场价格 P_m 为 28500 元，由于升级再制造的主要部件为新件，取折算系数 λ 等于 0.8，可计算出毛利率为 43.6%。

从上面的数据可知，小型钻铣床直接再制造的毛利率仅为 7%，而升级再制造则存在较可观的利润空间。因此，对这类产品进行以部件替换和升级功能模块来实现的升级再制造是较为可行的方法。但是需要强调的是，在升级再制造中采用性价比高的功能部件是非常关键的。

实例 2-2

汽车报废之后无论从市场角度还是从安全角度、法律角度都没有整车再制造的必要性和可行性。另外，汽车产品的更新换代的速度也要远远高于机床类的工业设备，即便是再制造也会因款式落后而难以被用户接受。但是其内部的通用部件则具有较长的市场生命周期，因此可对这些通用部件进行再制造。再制造后的产品可进入维修市场或者与再制造发动机企业进行配套。

汽车电动机作为汽车中附加值较高的一个通用部件，具有很大的市场保有量，可作为部件再制造来重新利用。汽车电动机再制造过程主要包括拆解、检测、零件的再加工再装配和成品检测环节，其中部分轴承和线圈需要进行更换。表 2-3 是某类型汽车起动电动机的再制造过程的成本利润分析数据，其中轴承的破损率为 50%，线圈的破损率为 28%。再制造产品的批量 n 为 60000/年（其经济批量 N 为 10000/年）。其价格折算系数 λ 为 0.9。

表 2-3　汽车电动机再制造成本利润分析

C_R	C_i	C_g	P_m	R
30	C_1拆解：10	轴承：12	360	35.2%
	C_2清洗：12	线圈：82		
	C_3零件再制造：45			

（续）

C_R	C_i	C_g	P_m	R
	C_4装配:56			
	C_5检测:20			
	C_5包装:8			

从表2-3中数据可计算出，该款汽车电动机再制造的毛利率为35.2%。分析可知，汽车起动电动机的再制造一方面是由于再制造毛坯价格低廉，另外在规模化生产方式与合理的再制造工艺下，能取得较好的规模经济效益。因此，只有当退役产品具备相当规模的保有量，并保证再制造批量大于其经济批量时，部件的再制造才具有经济上的可行性。对于那些保有量较低的小众产品，部件再制造就难以保证经济上的可行性。

实例 2-3

手机本身作为一种电子产品，其设计寿命一般在3年以上。但是目前的智能手机作为一种时尚性消费电子产品，其市场生命周期一般为1年。手机一般是因为性能参数和功能特征的落伍而被新产品所淘汰，因此将旧手机进行再制造翻新后重新销售的市场空间基本不存在。如果对旧手机的功能性配件进行升级，即升级再制造，虽然理论上可行，但考虑到再制造过程的装备自动化程度远不能与原始制造过程相比，因此其单位再制造成本也将远远高于新品制造。这里以某品牌智能手机为例进行升级再制造的计算分析（仅在电路兼容的前提下对手机的摄像头和CPU的升级成本进行计算分析）。

其中的拆解环节不仅包括手机拆解，也包括元器件的拆解。装备环节也主要依靠人工或专用工具方式将芯片重新焊装到主板上，因而成本较高。C_g主要是指外壳的更换，失效系数 ρ 为1。由于这种消费类电子产品的再制造品对用户的吸引力较低，其价格折算系数 λ 为0.65，根据表2-4中的数据可计算出毛利率为负值。因此，完全不具备再制造的可行性。虽然显示屏和触摸屏组件具有再利用的价值，但是在具体技术环节上仍然存在很多壁垒。综合来看，通过破碎分选的方式提取其中的稀贵金属材料是废旧手机较为可行的回收处理方法。

表2-4　某品牌智能手机升级再制造成本利润分析

C_R	C_i	C_g	C_f	P_m
30	C_1拆解:120	45	326	980
	C_2清洗:10			
	C_3零件再制造:0			
	C_4装配:180			
	C_5检测:65			
	C_6包装:25			

2.4 机电产品的回收策略评估

如果把常规意义上的供应链称之为顺向供应链的话，那么废旧机电产品回收过程中所涉及的物流、信息流、资金流在相互关联的业务伙伴之间发生的从下游到上游的运行活动所构成的网链结构就是逆向供应链（图2-5）。因此，逆向供应链是相对于供应链的顺向运行而言的一种形态。对于报废的机电产品，由于使用场合分散、品种类型多变，其回收和集中运输、转运的复杂度远远高于新产品的顺向供应链，在机电产品的循环利用过程中供应链是一个非常重要又需要灵活处理的环节。

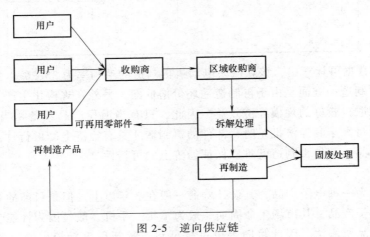

图 2-5　逆向供应链

2.4.1　回收模式评估

在机电产品的循环利用过程中，回收是其中非常重要的一个环节。其涉及法律法规、技术水平、生活习惯等多方面的影响。因此，不同国家和地区也都有不同的模式。此外，废旧机电产品根据其用途也可分为生产性机电产品和消费类机电产品。与人们的生活环境密切相关的是消费类机电产品，如家用电器、汽车、电脑、摩托车等物品。对回收策略的研究也是制定法律法规和规章制度的依据。

目前对废旧机电产品的回收模式主要有自营回收、联合回收和第三方回收。其中自营回收是指通过企业自有的营销渠道和营销网络逆向回收和运输废旧产品并进行处理。联合回收是指多家同类企业形成合作同盟，通过统一的渠道和价格政策来回收同盟企业内的废旧产品，如欧洲的多家汽车企业就建立了废旧汽车回收的联盟组织，他们不仅在政策和渠道上进行统一，各家企业之间还共享技术信息，从而大大方便了废旧汽车的回收、拆解与处理。目前最为通行的还是第三方回收。

从我国目前的国情来看，废旧产品回收交易链是一个劳动力密集型交易链，其中包含了回收者、不同规模的回收经销商（大、中、小）和加工处理企业三个不同的等级，他们的回收专业化水平也越来越高。回收者是专业化水平最低的一个等级，这些回收人员包括各种年龄层次的人，性别也没有明显的区别，一般情况下，生活状态不是很好，主要是外来的打工人员。白天他们骑着三轮车经常出没于各种各样的住宅区，他们从居民手中回收废旧的物资，或者在大街上、垃圾箱、垃圾堆旁捡各种可回收的物资，工作条件非常不卫生，并且很多时候还会遭到人们的歧视，晚上则在自己租住的房子里整理自己白天收集的各类废旧垃圾，他们为了从回收中得到最大的收益，自己也会对收到的废旧产品进行简单的分类。各种规模的回收经销商处于中间等级，小型的回收经销商从回收者手中收购所有的废旧产品并付给相应的费用，他们有时也会雇用这些回收者为他们进行分类工作。接下来小型回收经销商联系中型回收商并出售其拥有的废旧产品。这些中型的回收商一般会处理两种以上的废旧产品，并把可回收的部分运送给不同的专业处理企业，进行最终的处理。在整个交易链中，回收经销商都会确保在每一等级的成员可以获利，有时为了确保充足的货源供给和对市场的控制，他们会付给他的供应者优厚的待遇并帮助他们解决资金和库存紧张的问题。和小型的回收经销商相比，大型的回收经销商具有议价优势。

2.4.2 废旧机电产品的物流网络优化

废旧机电产品的逆向物流网络优化包括两个方面的问题：一是处理中心的选址问题；二是运输过程中的路径优化问题。

废旧机电产品回收后，必须集中到特定位置的处理企业进行拆解或后续处理。这些处理中心包括拆解企业、再制造企业、无害化处理企业，以及关键工序的处理。特别是当处理技术或设备要求较高，投资较高时，选个合适的地理位置来建设处理中心非常重要。

实例 2-4

在报废汽车的处理过程中，拆解中心必须选取合适的地理位置，才能获得较好的经济效益。这里假定可在连续距离的地理区域内选址。连续性选址一般做如下假设：①选址目标区域是连续的，区域内任意一点都是候选地点。②用两点间的直线距离近似代替两点间的运算距离。因此可直接以整个江苏省的地域为边界条件，在其内部连续的寻址，使得目标函数取得最大值。

$$\max R = \sum_{i=1}^{n} ak_i - \sum_{i=1}^{n} bl_i x_{ij}, \quad j \in (1,n)$$
$$x_{ij} = \sqrt{(x_i-x_j)^2+(y_i-y_j)^2}$$

式中，a 为每辆车的拆解收益；k_i 为某个城市的回收数量（辆）；b 为运输单价；l_i 为某个城市的报废汽车回收总质量（t）；x_{ij} 为某个城市到拆解基地的运输距离（km）。

将实际模型转化为适合 Matlab 求解的优化函数：

$$\min R = 0.361 \sum_{i=1}^{n} k_i x_{ij} - 957 \sum_{i=1}^{n} k_i, j \in (1,n) \tag{2-6}$$

为了连续性模型的计算，需将其统一到一个二维的坐标系中，而每个城市在地理上均有其自己的 GPS 坐标，这是一个球坐标，对于本技术模型，需将其转化为统一的平面坐标系。为简化计算过程，可采用成熟的商用数字地图技术，城市间的距离直接采用地图自带的测距工具测量，以江苏省城市地图为例取底部苏州市的纵坐标和徐州市的横坐标作为坐标原点，即可获得江苏省每个城市的相对坐标（图 2-6）。

从式（2-6）可知，本选址模型是一个带边界约束的非线性规划的求最小值问题，可以利用 Matlab 优化工具箱中函数直接求解。fmincon（）函数是有约束的非线性最小化的函数，适用于本模型的优化计算。

fmincon（）的标准数学模型为：

目标函数：$\min f(\boldsymbol{x})$

约束条件：
$$c(\boldsymbol{x}) \leq 0$$
$$c_{eq}(\boldsymbol{x}) = 0$$
$$A\boldsymbol{x} \leq \boldsymbol{b}$$
$$A_{eq}\boldsymbol{x} = \boldsymbol{b}_{eq}$$
$$\boldsymbol{l}_b \leq \boldsymbol{x} \leq \boldsymbol{u}_b$$

式中，$\boldsymbol{x}$、$\boldsymbol{b}$、$\boldsymbol{b}_{eq}$、$\boldsymbol{l}_b$、$\boldsymbol{u}_b$ 为向量；A、A_{eq} 为矩阵；$c(\boldsymbol{x})$、$c_{eq}(\boldsymbol{x})$ 为函数。因此连续型选址模型和 fmincon（）的标准数学模型如下：

序号	城市	X坐标	Y坐标
1	苏州	306.6491	0
2	南通	335.8912	75.55144
3	无锡	280.6246	21.72361822
4	常州	250.4243	58.68095523
5	镇江	198.5213	100.3152474
6	南京	139.1593	86.37506286
7	泰州	244.8042	128.3996363
8	扬州	196.8574	121.3138948
9	淮安	159.8796	256.6853703
10	宿迁	91.40045	296.1356877
11	徐州	0	323.0547727
12	连云港	178.017	366.1412668
13	盐城	266.6063	227.6682177

图 2-6　江苏省城市地图及每个城市的相对坐标

目标函数：
$$f(\boldsymbol{x}) = 0.361 \sum_{i=1}^{n} k_i \sqrt{(X-x_i)^2+(Y-y_i)^2} - 957 \sum_{i=1}^{n} k_i$$

坐标下限为：
$$\boldsymbol{l}_b = [\min\{x_i\}, \min\{y_i\}]^T = [0,0]^T$$

坐标上限为：
$$\boldsymbol{u}_b = [\max\{x_i\}, \max\{y_i\}]^T = [335.8912, 366.1412668]^T$$

fmincon（）函数的调用格式为：
$$[\boldsymbol{x}, \boldsymbol{fval}] = \mathrm{fmincon}('fun', \boldsymbol{x}_0, \boldsymbol{A}, \boldsymbol{b}, \boldsymbol{A}_{eq}, \boldsymbol{b}_{eq}, \boldsymbol{l}_b, \boldsymbol{u}_b)$$

式中，输出函数中，$\boldsymbol{x}$ 为选址结果；$\boldsymbol{fval}$ 为函数目标值；fun 为编写目标函数的 M 文件；$\boldsymbol{x}_0$ 为初值，$\boldsymbol{A}$、$\boldsymbol{b}$、$\boldsymbol{A}_{eq}$、$\boldsymbol{b}_{eq}$ 为线性约束；$\boldsymbol{l}_b$、$\boldsymbol{u}_b$ 为上、下限。

初始点选用系统自动生成的随机数，即 $\boldsymbol{x}_0 = 100\mathrm{rand}$（2，1）。经过 Matlab 优化计算，得到选址中心坐标为 [250.4242，58.6810]，处于常州市的范围。此时运行效益达到最大，为 16044 万元。

2.5　机电产品的可再制造性评估

2.5.1　再制造性概念

废旧产品的再制造性是决定其能否进行再制造的前提，是再制造基础理论研究中的首要问题。再制造性定义可描述为：废旧产品在规定的条件下和规定的费用内，按规定的程序和方法进行再制造时，恢复或升级到规定性能的能力。

定义中"规定的条件"是指进行废旧产品再制造生产的条件，它主要包括再制造的机构与场所（如工厂或再制造生产线、专门的再制造车间、运输等）和再制造的保障资源（如所需的人员、工具、设备、设施、备件、技术资料等）。不同的再制造生产条件有不同的再制造效果。因此，产品自身再制造性的优劣，只能在规定的条件下加以度量。

定义中"规定的费用"是指废旧产品再制造生产所需要消耗的费用及其相关环保消耗费用。给定的再制造费用越高，则再制造产品能够完成的概率就越大。再制造性最主要的表现在经济方面，再制造费用也是影响再制造生产的最主要因素，所以可以用再制造费用来表征废旧产品再制造能力的大小。同时，可以将环境相关负荷参量转化为经济指标来进行分析。

定义中"规定的程序和方法"是指按技术文件规定采用的再制造工作类型、步骤、方法。再制造的程序和方法不同，再制造所需的时间和再制造效果也不相同。例如一般情况下换件再制造要比原件再制造加工费用高，但时间快。

定义中"再制造"是指对废旧产品的恢复性再制造、升级性再制造、改造性再制造和应急性再制造。

定义中"规定的性能"是指完成的再制造产品效果要恢复或升级达到规定的性能，即能够完成规定的功能和执行规定任务的技术状况，通常来说要不低于新品的性能。这是产品再制造的目标和再制造质量的标准，也是区别于产品维修的主要标志。

综合以上内容可知，再制造性是产品本身所具有的一种本质属性，无论在原始制造设计时是否考虑进去，都客观存在，且会随着产品的发展而变化。再制造性的量度是随机变量，只具有统计上的意义，因此用概率来表示，并由概率的性质可知：$0 < R(a) < 1$。再制造性具有不确定性，在不同的环境条件、使用条件、再制造条件、工作方式、使用时间等情况下，同一产品的再制造性是不同的，离开具体条件谈论再制造性是无意义的。随着时间的推移，某些产品的再制造可能发生变化，以前不可能再制造的产品会随着关键技术的突破而增大其再制造性，而某些能够再制造的产品会随着环保指标的提高而变成不可再制造。评价产品的再制造性包括从废旧产品的回收至再制造产品的销售整个阶段，其具有地域性、时间性、环境性。

与可靠性、维修性一样，产品再制造性也表现为产品的一种本质属性，因此，也可以分为固有再制造性和使用再制造性。

固有再制造性也称设计再制造性，是指产品设计中所赋予的静态再制造性，是用于定义、度量和评定产品设计、制造的再制造性水平。它只包含设计和制造的影响，用设计参数（如平均再制造费用）表示，其数值由具体再制造要求导出。固有再制造性是产品的固有属性，奠定了2/3的实际再制造性。固有再制造性不高，相当于"先天不足"。在产品寿命各阶段中，设计阶段对再制造影响最大。如果设计阶段不认真进行再制造性设计，则以后无论怎样精心制造、严格管理、技术进步，也难以保证其再制造性。制造只能尽可能保证实现设计的再制造性，使用则是维持再制造性，尽量避免再制造性降低。而技术进步虽往往能够提高产品的再制造性，但人们需求的提高，又会降低产品的再制造性。

使用再制造性是指废旧产品到达再制造地点后，在再制造过程中实际具有的再制造性。它是在再制造实际执行前所进行的再制造性综合评估，以固有再制造性为基础，并受再制造生产的人员技术水平、再制造策略、保障资源、管理水平、再制造产品性能目标、营销方式等的综合影响，因此同样的产品可能具有不同的再制造性。通常再制造企业主要关心产品的使用再制造性。一般来讲随着产品使用时间的增加，废旧产品本身性能劣化严重，会导致其使用再制造性降低。

再制造性对人员技术水平、再制造生产保障条件、再制造产品的性能目标，以及对规定的程序和方法有很大的依赖性。因此，在实际上严格区分固有再制造性与使用再制造性，难度较大。

2.5.2 再制造性函数

(1) 再制造度函数 再制造度是再制造性的概率度量，记为 $R(c)$。由于针对具体每个废旧产品进行的再制造或其零部件的费用 C 是一个随机变量，因此产品的再制造度 $R(c)$ 可定义为实际再制造费用 C 不超过规定再制造费用 c 的概率，表示为

$$R(c) = P(C \leqslant c) \tag{2-7}$$

式中，C 为在规定的约束条件下完成再制造的实际费用；c 为规定的再制造费用。

当把规定费用 c 作为变量时，上述概率表达式就是再制造度函数。它是再制造费用的分布函数，可以根据理论分布求解再制造度函数，也可按照统计原理用试验或实际再制造数据求得。

由于 $R(c)$ 是表示从 $c=0$ 开始到某一费用 c 以内完成再制造的概率，是对费用的累计概率，且为费用 c 的增值函数，$R(0)\to 0$，$R(\infty)\to 1$。根据再制造度定义，有

$$R(c) \equiv \underset{N \to \infty}{\mathrm{Lim}} \frac{n(c)}{N} \tag{2-8}$$

式中，N 为用于再制造产品的总数；$n(c)$ 为 c 费用内产品完成再制造的产品数。

在工程实践中，当 N 为有限值时，$R(c)$ 的估计值为：

$$\hat{R}(c) = \frac{n(c)}{N} \tag{2-9}$$

(2) 再制造费用概率密度函数 再制造度函数 $R(c)$ 是再制造费用的概率分布函数。其概率密度函数为 $r(c)$，即再制造费用概率密度函数（习惯上称再制造密度函数）为 $R(c)$ 的导数，可表示为

$$r(c) = \frac{\mathrm{d}R(c)}{\mathrm{d}c} = \underset{\Delta c \to 0}{\mathrm{Lim}} \frac{R(c+\Delta c) - R(c)}{\Delta c} \tag{2-10}$$

由式 (2-8) 可得

$$r(c) = \underset{\substack{\Delta c \to 0 \\ N \to \infty}}{\mathrm{Lim}} \frac{n(c+\Delta c) - n(c)}{N\Delta c} \tag{2-11}$$

当 N 为有限值且 Δc 为一定费用间隔时，$r(c)$ 的估计值为

$$\hat{r}(c) = \frac{n(c+\Delta c) - n(c)}{N\Delta c} = \frac{\Delta n(c)}{N\Delta c} \tag{2-12}$$

式中，$\Delta n(c)$ 为 Δc 费用内完成再制造的产品数。

可见，再制造费用概率密度函数的意义是单位费用内废旧产品预期完成再制造的概率，即单位费用内完成再制造产品数与待再制造的废旧产品总数之比。

(3) 再制造速率函数 再制造速率函数 $\mu(c)$ 是单位费用内瞬态完成再制造的概率，

即花费费用 c 时未能完成再制造的产品在费用 c 之后单位费用内完成再制造的概率。它的统计定义为

$$\mu(c) = \lim_{\substack{\Delta c \to 0 \\ N \to \infty}} \frac{n(c+\Delta c) - n(c)}{[N - n(c)]\Delta c} = \lim_{\substack{\Delta c \to 0 \\ N \to \infty}} \frac{\Delta n(c)}{N \Delta c} \tag{2-13}$$

当 N 为有限值，且 Δc 为一定费用间隔时，$\hat{\mu}(c)$ 的估计值为

$$\hat{\mu}(c) = \frac{n(c+\Delta c) - n(c)}{[N - n(c)]\Delta c} \tag{2-14}$$

（4）**再制造率函数** 再制造率函数 $R(f)$ 是指能够在规定费用内完成再制造的废旧产品或零部件数量与全部废旧产品数量或零部件数量的比率。设再制造产品中使用的废旧产品或零部件的数量为 N，在费用 c 内能完成再制造的产品或零部件的数量为 $n(c)$，则其再制造率为

$$R(f) = \frac{n(c)}{N} \tag{2-15}$$

2.5.3 再制造性参数

（1）**再制造费用参数** 再制造费用参数是最重要的再制造性参数。它直接影响废旧产品的再制造的经济性，决定了生产厂商的经济效益，又与再制造时间紧密相关，所以应用广泛。

1）平均再制造费用 $\overline{R}_{\mathrm{mc}}$。平均再制造费用是产品再制造性的一种基本参数。其度量的方法：在规定的条件下和规定的费用内，废旧产品在任一规定的再制造级别上，再制造产品所需总费用与在该级别上被再制造的废旧产品的总数之比。简而言之，是废旧产品再制造所需实际消耗费用的平均值。当有 N 个废旧产品完成再制造时，有

$$\overline{R}_{\mathrm{mc}} = \frac{\sum\limits_{i=1}^{n} C_i}{N} \tag{2-16}$$

只考虑实际的再制造费用，包括拆解、清洗、检测诊断、换件、再制造加工、安装、检验、包装等费用。对同一种产品，在不同的再制造条件下，也会有不同的平均再制造费用。

2）最大再制造费用 R_{maxc}。在许多场合，尤其是再制造部门更关心绝大多数废旧产品能在多少费用内完成再制造，这时，可使用最大再制造费用参数。最大再制造费用是按给定再制造度函数最大百分位值 $(1-a)$ 所对应的再制造费用值，也即预期完成全部再制造工作的某个规定百分数所需的费用。最大再制造费用与再制造费用的分布规律及规定的百分数有关。通常可定 $(1-a) = 95\%$ 或 90%。

3）再制造费用中值 $\widetilde{R}_{\mathrm{mc}}$。再制造费用中值是指再制造度函数 $R(c) = 50\%$ 时的再制造费用，又称中位再制造费用。

4）再制造产品价值 V_{rp}。再制造产品价值指根据再制造产品所具有的性能确定的实际价值，可以用市场价格作为衡量标准。由于新技术的应用，可能使得升级后的再制造产品价值要高于原来新品的价值。

5）再制造环保价值 V_{re}。再制造环保价值指通过再制造而避免新品制造过程中所造成的环境污染处理费用，及废旧产品进行环保处理时所需要的费用总和。

（2）**再制造时间参数** 再制造时间参数反映再制造过程中人力、机时的消耗，直接关系到再制造人力配置和再制造费用。因而也是重要的再制造性参数。

1）再制造时间 R_t。再制造时间指退役产品或其零部件自进入再制造程序后通过再制造过程恢复到合格状态的时间。一般来说，再制造时间要小于制造时间。

2）平均再制造时间 $\overline{R}_t$。平均再制造时间指某类废旧产品每次再制造所需时间的平均值。再制造可以指恢复性、升级性、应急性等方式的再制造。其度量方式为在规定的条件下和规定的费用内某类产品完成再制造的总时间与该类再制造产品总数量之比。

3）最大再制造时间 R_{maxct}。最大再制造时间指达到规定再制造度所需的再制造时间，即预期完成全部再制造工作的某个规定百分数所需时间。

（3）**再制造性环境参数**

1）材料质量回收率。材料质量回收率表示退役产品可用于再制造的零件材料质量与原产品总质量的比值。

$$R_W = \frac{W_R}{W_P} \qquad (2\text{-}17)$$

式中，R_W 为材料质量回收率；W_R 为可用于再制造的零件材料质量；W_P 为产品总质量。

2）产品价值回收率 产品价值回收率表示退役产品可用于再制造的零件价值与原产品总价值的比值。

$$R_V = \frac{V_R}{V_P} \qquad (2\text{-}18)$$

式中，R_V 为产品价值回收率；V_R 为可用于再制造的零件价值；V_P 为产品总价值。

3）零件数量回收率 零件数量回收率 R_N 表示退役产品可用于再制造的零件数量 N_R 与原产品零件总数量 N_P 的比值。

$$R_N = \frac{N_R}{N_P} \qquad (2\text{-}19)$$

总之，产品再制造具有巨大的经济、社会和环境效益，虽然再制造是在产品退役后或使用过程中进行的活动，但再制造能否达到及时、有效、经济、环保的要求，却首先取决于产品设计中注入的再制造性，并同产品使用等过程密切相关。实现再制造及时、经济、有效，不仅是再制造阶段应当考虑的问题，而且必须从产品的全系统、全寿命周期进行考虑，在产品的研制阶段就进行产品的再制造性设计。

2.5.4 废旧产品再制造性评价方法

（1）**再制造性影响因素分析** 由于再制造性设计还没有在产品设计过程中进行普遍开展，所以目前对退役产品的评价还主要是根据技术、经济及环境等因素进行综合评价，以确定其再制造性量值，定量确定退役产品的再制造能力。再制造性评价的对象包括废旧产品及其零部件。

废旧产品是指退出服役阶段的产品。退出服役原因主要包括产品产生不能进行修复的故障（故障报废）、产品使用中费效比过高（经济报废）、产品性能落后（功能报废）、产品的污染不符合环保标准（环境报废）、产品款式等不符合人们的喜好（偏好报废）。

再制造全周期指产品退出服役后所经历的回收、再制造加工及再制造产品的使用直至再制造产品再次退出服役阶段的时间。再制造加工周期指废旧产品进入再制造工厂至加工成再制造产品进入市场前的时间。

由于再制造属于新兴学科，再制造设计是近年来新提出的概念，而且处于新产品的尝试阶段，以往生产的产品大多没有考虑再制造特性。当该类废旧产品送至再制造工厂后，首先要对产品的再制造性进行评价，判断其能否进行再制造。国外已经开展了对产品再制造特性评价的研究。影响再制造性的因素错综复杂，可归纳为如图 2-7 所示的几个方面。

图 2-7　废旧产品的再制造特性影响因素

由图 2-7 可知，产品再制造的技术可行性、经济可行性、环境可行性、产品服役性等影响因素的综合作用决定了废旧产品的再制造特性，而且四者之间也相互产生影响。

再制造特性的技术可行性要求废旧产品进行再制造加工在技术及工艺上可行，可以通过原产品修复或者升级，来达到恢复或提高原产品性能的目的，而不同的技术工艺路线又对再制造的经济性、环境性和产品的服役性产生影响。

再制造特性的经济可行性是指进行废旧产品再制造所投入的资金小于其综合产出效益（包括经济效益、社会效益和环保效益），即确定该类产品进行再制造是否"有利可图"，这是推动某种类废旧产品进行再制造的主要动力。

再制造特性的环境可行性，是指对废旧产品再制造加工过程本身及生成的再制造产品在社会上利用后所产生的环境影响，小于原产品生产及使用所造成的环境影响。

再制造产品的服役性主要指再制造加工生成的再制造产品，其本身具有一定的使用性，能够满足相应市场需要，即再制造产品是具有一定时间效用的产品。

通过以上几方面对废旧零件再制造特性的评价后，可为再制造加工提供技术、经济和环境综合考虑后的最优方案，并为在产品设计阶段进行面向再制造的产品设计提供技术及数据参考，指导新产品设计阶段的再制造考虑。正确的再制造性评价还可为进行再制造产品决策、增加投资者信心提供科学的依据。

（2）**再制造性的定性评价**　产品的再制造性评估主要有两种方式：①对已经报废和损坏的产品在再制造前对其进行再制造合理性评估，这些产品一般在设计时没有按再制造要求进行设计。②当进行新产品的设计时对其进行再制造性评估，并用评估结果来改进设计，增加产品再制造性。

对已经报废或使用过的旧产品进行再制造，必须符合一定的条件。部分学者从定性的角度进行了分析，德国的 Rolf Steinhilper 教授从评价以下 8 个不同方面的标准来进行对照考虑：

1）技术标准（废旧产品材料和零件种类以及拆解、清洗、检验和再制造加工的适宜性）。

2）数量标准（回收废旧产品的数量、及时性和地区的可用性）。

3）价值标准（材料、生产和装配所增加的附加值）。

4）时间标准（最大产品使用寿命、一次性使用循环时间等）。

5）更新标准（关于新产品与再制造产品相比的技术进步特征）。

6）处理标准（采用其他方法进行产品和可能的危险部件的再循环工作和费用）。

7）与新制造产品关系的标准（与原制造商间的竞争或合作关系）。

8）其他标准（市场行为、义务、专利、知识产权等）。

美国 Lund R 教授通过对 75 种不同类型的再制造产品进行研究，总结出以下 7 条判断产品可再制造性的准则：

1）产品的功能已丧失。

2）有成熟的恢复产品的技术。

3）产品已标准化、零件具有互换性。

4）附加值比较高。

5）相对于其附加值，获得"原料"的费用比较低。

6）产品的技术相对稳定。

7）顾客知道在哪里可以购买再制造产品。

以上的定性评价主要针对已经大量生产、已损坏或报废产品的再制造性。这些产品在设计时一般没有考虑再制造的要求，在退役后主要依靠评估者的再制造经验以定性评价的方式进行。

（3）再制造性的定量评价　废旧产品的再制造特性定量评价是一个综合的系统工程，研究其评价体系及方法，建立再制造性评价模型，是科学开展再制造工程的前提。不同种类的废旧产品其再制造性一般不同，即使同类型的废旧产品，因为产品的工作环境及用户不同，其导致产品报废的方式也多种多样，如部分产品是自然损耗达到了使用寿命而报废，部分产品是因为特殊原因（如火灾、地震及偶然原因）而导致报废，部分产品是因为技术、环境或者拥有者的经济原因而导致报废，不同的报废原因导致了同类产品具有不同的再制造性价值。

目前废旧产品再制造性定量评估通常可采用以下几种方法：

1）模糊综合评价法。是通过运用模糊集理论对某一废旧产品再制造性进行综合评价的一种方法。模糊综合评价法是用定量的数学方法处理那些对立或有差异、没有绝对界限的定性的方法。

2）费用-环境-性能评价法。费用-环境-性能评价法就是把不同技术方案的费用、技术及环境效能进行比较分析的方法。费用可以反映再制造的主要耗费，环境可以反映再制造过程的主要环境影响，而性能则可以反映再制造产品属性的主要指标。在产品退役后再制造前，可能存在多种再制造方案，且每种方案的选择都需要考虑费用-环境-性能三者的影响，以便为再制造方案决策提供依据，并在实施方案过程中，对分析评价的结果进行反复验证和反馈。

（4）评定准则　权衡备选方案有以下几类评定准则：

1）定费用准则。在满足给定费用的约束条件下，使方案的环境效益和产品性能效益最大。

2）定性能准则。在确定产品性能的情况下，使方案的环境效益最大，再制造费用最低。

3）环境效益最大准则。在环境效益最大情况下，使方案的费用最低，性能最高。

4）环境性能与费用比准则。使方案的产品性能、环境效益与所需费用之比最大。

5）多准则评定。退役产品再制造具有多种目标和多重任务而没有一个单一的效能度量时，可根据具体产品的实际背景，选择一个合适的多准则评定方法，该方法应当是公认合理的。

（5）分析程序 分析的一般程序由分析准备和实施分析所组成，其基本流程如图 2-8 所示。在进行分析和评价时，要注意以下几点：

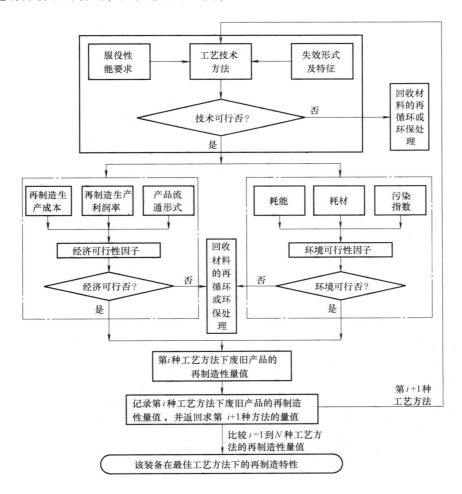

图 2-8 废旧装备再制造特性评价流程

1）明确任务、收集信息。明确分析的对象、时机、目的和有关要求，作为分析人员进行分析工作的依据。收集一切与分析有关的信息，特别是与分析对象、分析目的有关的信息，以及现有类似产品的费用、效能信息，指令性和指导性文件的要求等。

2）确定目标。目标是指使用产品所要达到的目的。应根据产品主管部门的要求，确定进行费用敏感性分析所需要的可接受的目标。目标不宜定得太宽，应把分析工作限制在所提出问题的范围内。目标范围不应限制过多，以免将若干有价值的方案排除在外。在目标说明中，既要描述具体的产品系统特性，又要描述产品的任务需求。

3）建立假定和约束条件。用来限制分析研究的范围。应说明建立这些假定和约束条件的理由。在进行分析的过程中，还可能需要再建立一些必要的假定和约束条件。

假定一般包括废旧产品的服役时间、废弃数量、再制造技术水平等。随着分析的深入可适当修改原有假定或建立的新假定。约束条件是有关各种决策因素的一组允许范围，如再制造费用预算、进度要求、现有设备情况及环境要求等，而问题的解必须在约定的条件内去求。

4）分析费用-环境-性能因子。首先确定各因子的评价指标。根据再制造的全周期，将评价体系分为技术、经济、环境三个方面，并建立相关的评价因子体系结构模型（图2-9）。

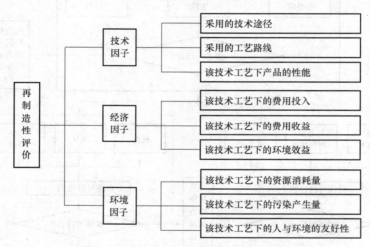

图 2-9 再制造性评价指标体系结构模型

不同的技术工艺（包括产品的回收、运输、拆解、检测、加工、使用、再制造等技术工艺）可以产生不同的再制造产品性能（包括产品的功能指标、可靠性、维修性、安全性、用户友好性等方面），并且对产品的经济性、环保性产生直接的影响。该模型中所获得的产品的再制造性是指在某种技术工艺下的再制造性，并不一定为最佳的再制造性，通过对比不同技术工艺下的再制造性量值，可以根据目标，确定废旧产品最适合的再制造工艺方法。

然后进行费用-环境-性能评价。对再制造过程中各因子的评定可以采用如下理想化的方法，通过建立数据库，输入相关的要求而获得不同技术工艺条件下的性能、经济、环境因子，如图2-10所示。

对于技术因子的计算，根据废旧产品的失效形式及再制造产品性能、工况及环境标准限值等要求，选定不同的技术及工艺方法，并预计出在该技术及工艺下，再制造后产品的性能指标，与当前产品性能相比，以当前产品的价格为标准，预测确定再制造产品的价格。根据不同的产品要求，可有不同的性能指标选择。技术因子的评价步骤如下：

预测 i 种技术 j 种工艺情况下产品的某几个重要性能，如可靠性 r、维修性 m、用户友好性 e 及某一重要性能 f 作为技术因子的主要评价因素，建立技术因子 P 的一般评价因素集：

$$P = \{ r, m, e, f \} \tag{2-20}$$

建立原产品的技术因子P_0的评价因素集:

$$P_0 = \{ r_0, m_0, e_0, f_0 \} \tag{2-21}$$

建立再制造产品技术因子评价因素集:

$$P_{ij1} = \{ r_{ij}, m_{ij}, e_{ij}, f_{ij} \} \tag{2-22}$$

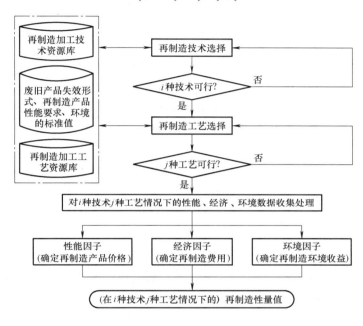

图 2-10　产品再制造性各因子的评定方法

可以采用无量纲化评价指标将P_{ij1}和P_0中各对应的评价因素进行比较:

$$P_{ij2} = \left\{ \frac{r_{ij}}{r_0}, \frac{m_{ij}}{m_0}, \frac{e_{ij}}{e_0}, \frac{f_{ij}}{f_0} \right\} \tag{2-23}$$

化简得:

$$P_{ij3} = \{ r_{ij0}, m_{ij0}, e_{ij0}, f_{ij0} \} \tag{2-24}$$

建立各评价因素的权重系数:

$$A = (a_1, a_2, a_3, a_4) \tag{2-25}$$

式中, a_1, a_2, a_3, a_4分别为r_{ij0}, m_{ij0}, e_{ij0}, f_{ij0}的权重系数, 且满足$0 < a_i < 1$。

则其第i种技术第j种工艺条件下的技术因子P_{ij}可以计算为:

$$P_{ij} = a_1 \times r_{ij0} + a_2 \times m_{ij0} + a_3 \times e_{ij0} + a_4 \times f_{ij0} \tag{2-26}$$

式中, $P_{ij} > 1$时, 表明再制造产品的综合性能优于原制造。

同时预测第i种技术第j种工艺条件下得到的再制造产品的价值与原产品价值的关系:

$$C_{rij} = a \times P_{ij} \times C_m \tag{2-27}$$

式中, C_{rij}为第i种技术第j种工艺条件下生成的再制造产品的价值; C_m为原制造产品的价值; P_{ij}为第i种技术j种工艺情况下的技术因子; a为系数。

根据该式，可以预测再制造后产品的价值。

对于经济因子的计算，在第 i 种技术第 j 种工艺条件下，可以预测出不同的再制造阶段的投入费用（成本）。产品各阶段的费用包含诸多因素，假设共有 n 个阶段，每个阶段的支出费用分别为 C_i，则全阶段的支出费用：

$$C_{cij} = \sum_{K=1}^{n} C_K \tag{2-28}$$

对于环境因子来说，其评价采用黑盒方法，要考虑在第 i 种技术第 j 种工艺条件下的再制造的全过程中，输入的资源 R_i 与输出的废物 W_0 的量值，以及在再制造过程中对人体健康的影响程度 H_e。根据再制造的工艺方法不同，输入的资源也不同，具体的评价指标也不同，主要考虑输入的能量值 R_e、材料值 R_m，输出的污染指标主要考虑三废排放量 W_w、噪声值 W_s，对人体健康的影响程度 H_e。通过技术性的评价方法可以对比建立环境因子 E_{ij}，由对比关系可知，E_{ij} 的值越小，则说明再制造的环境性越好。同时参照相关环境因素的评价，可以将第 i 种技术第 j 种工艺条件下的再制造在各方面减少的污染量转化为再制造所得到的环境收益 C_{eij}。

最后确定再制造性量值，可以用所获得的利润值与产品总价值的比值来表示产品的再制造性的大小。通过对技术、经济、环境因子的求解，最后可获得在第 i 种技术第 j 种工艺情况下的再制造性量值 R_{nij}：

$$R_{nij} = \frac{C_{rij} + C_{eij} - C_{cij}}{C_{rij} + C_{eij}} = 1 - \frac{C_{cij}}{C_{rij} + C_{eij}} \tag{2-29}$$

显然，若 R_{nij} 的值介于 0 与 1 之间，值越大，则说明再制造性越好，其经济利润越好。进而可以确定最佳再制造量值，通过反复循环求解，可求出在有效技术工艺下的再制造性量值集合：

$$R_{nb} = \text{Max}\{R_{n11}, R_{n12}, \cdots, R_{nij}, \cdots, R_{nnm}\} \tag{2-30}$$

式中，n 为最大技术数量；m 为最大工艺数量；R_n 为再制造性量值；R_{nb} 为最佳再制造性量值。

由式（2-30）可知，共有 $n \times m$ 种再制造方案，求解出 $n \times m$ 个再制造性量值。其中选择最大值的再制造工艺作为再制造方案。通过上述再制造性的评价方法，可以确定不同的再制造技术工艺路线，提供不同的再制造方案，并通过确定最佳再制造量值，来确定再制造方案。

风险和不确定性分析是指对建立的假定和约束条件以及关键性变量的风险与不确定性进行分析。风险是指结果的出现具有偶然性，但每一结果出现的概率是已知的，对这类风险应进行概率分析。可采用解析方法和随机仿真方法。不确定性是指结果的出现具有偶然性，且不知道每一结果出现的概率。对各类重要的不确定性应进行灵敏度分析。灵敏度分析一般是指确定一个给定变量的对输出影响的重要性，以确定不确定性因素的变化对结果的影响。

除了上述的方法，还可以通过工程领域中常用的模糊综合评价法来对产品和零件的可再制造性进行分析和评价，其基本流程是建立模糊变量表，然后建立权重集和评价集，进而建立模糊评价矩阵，最后通过整体综合评价来得到产品可再制造性的模糊评价值。

第**3**章
机电产品拆解工艺与拆解技术

3.1 概述

拆解是废旧机电产品循环利用的重要环节，无论是其零部件重用、再制造利用，还是进行材料的循环利用，都必须先对废旧机电产品进行拆解。科学、高效的拆解技术既能使废旧机电产品的附加值得到提高，为企业带来可观的经济效益，又能对环境保护、能源节约起到积极的作用。本章主要从拆解工艺、拆解工具、拆解装备以及拆解过程数字化等方面论述机电产品循环利用的高效拆解技术。

3.2 机电产品的主要拆解工艺

（1）无损拆解 所谓无损拆解就是保持零件不损坏。这对于维修、组件再利用和再制造是十分必要的。产品内的所有紧固件必须是可逆的或半可逆的。可拆解紧固件（例如螺钉）的拆解通常比半可逆紧固件（例如卡扣配合）更容易。无损拆解操作成本普遍较高，特别是面对诸如锈蚀和部分损坏等问题时。

（2）半破坏性拆解 半破坏性拆解是指仅仅破坏连接部分，例如通过断裂、折叠或切割，使主要部件几乎没有损坏。半破坏性拆解提高了操作的效率，并且在许多情况下被证明在经济上是可行的。许多关于自动拆解的研究工作使用半破坏性技术来克服产品的状态和几何形状的不确定性。

当报废产品中的某些零部件和连接关系允许用破坏方式进行解除时，其拆解条件必须用一定的拆解准则来说明。在定义拆解准则之前首先分析报废机电产品拆解过程中的部分破坏方式。目前在回收过程中，可行度较高的破坏方式主要有以下几种类型：

1）零件局部脆性破坏。当产品的塑料外壳与金属支架安装在一起时，不需要拆解每一个螺钉，只要用工具将塑料外壳撬起使螺钉连接处自然断裂即可。采用这种方法可以大大提高拆解效率。同时，所得到的塑料外壳并不影响其作为材料再利用的目的。这种类型拆解方式的前提条件是相连接的两个零件的材料强度不同，其中一种是塑料、橡胶等低强度材料。

2）零件局部剪切破坏。是指通过专用的切割工具，将被拆解产品的局部进行剪切或切割，从而降低拆解难度和提高拆解效率的一种方法。

3）紧固件破切拆解。是指通过专用工具对紧固件进行破坏，以提高拆解效率。对于螺钉连接或螺栓连接，目前可以通过专用的液压破切工具将螺母进行破切，或是将螺钉头直接剪掉。这种破坏性拆解方式相对装配环节的逆向操作而言所用的工时是很少的，同时工具的通用性也大大提高，不需要用成套工具来完成紧固件的拆解操作。

4）次要零件的直接剪切破坏。与零件局部剪切破坏不同的是，这种破坏方式是直接将某个次要零件进行破坏，主要用于以材料回收为目的的零件，如图 3-1 所示。如果对零件 C 进行剪切，则原来需要操作的两个动作（AC 和 BC）减少为 1 个。既提高了效率，又降低了成本。在剪切部位的选择上需要根据相邻零件的质量、回收用途等情况进行具体分析。

针对零件局部脆性破坏拆解形式，在分析其拆解条件时，不仅要考虑混合图模型中的优先关系和连接关系，还要考虑零部件的材料类型和回收目的。如果其中强度较弱的零件不是再制造或再利用的目标，则可以进行部分破坏的拆解操作。针对零件局部剪切破坏拆解形式，目前市场上已经有专门的工具来完成。但是这些工具对于被破切紧固件的

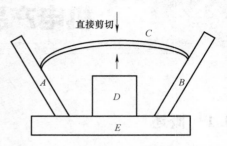

图 3-1　零件直接剪切破坏

规格有一定要求，规格过小的紧固件不便于操作，因而不能进行该操作。实际上小规格紧固件用手工工具或电动工具可以很方便地进行拆解。因此，这种破坏方式的实现条件是紧固件的规格。对紧固件破切破坏拆解形式来说，零件的结构形式是关键因素，即零件的结构强度是否允许破坏性拆解工具的操作。例如薄钢板可以用电动剪刀进行切割，但是厚钢板就只能通过火焰切割方式来进行破坏性拆解。决定这种破坏形式的是零件的结构参数和材料类型。

（3）**完全破坏性拆解**　完全破坏性拆解涉及部分或完全破坏部件、组件或不可逆紧固件，例如焊缝，使用破坏性工具如锤子，撬棍或磨床破坏。这些操作是快速，高效和内在灵活的。因此，破坏性拆解是可行的，通常在行业实践中执行。破坏性拆解的一个常见应用是打开覆盖部件以得到内部更有价值的部件。例如断开分离线并使用等离子体电弧切割来破坏消费电器的金属外壳。

总而言之，半破坏性和破坏性拆解允许更有效地处理产品状况的不确定性，从而达到更经济可行的操作。相反，非破坏性拆解需要较高的运行成本，但在维护或部件再利用时更加可行。

3.3　机电产品的可拆解模型

3.3.1　产品结构模型表示方法

（1）**产品结构表示**　目前对废旧产品的可拆解模型的表达方法主要有：有向图模型、无向图模型、混合图模型、Petri 网模型以及装配关系矩阵模型。其均以废旧产品的 CAD 模型为基础。在这些模型中，混合图模型的建模方法是一种认可度较高的方法。因为这种方法的建模过程相对简单，所包含的信息也比无向图要全面。它不仅表示了零部件之间的连接信息，也表示了相互间的遮挡关系，因而便于利用智能优化算法来规划其拆解路径。

产品的结构包括组件和连接。组件是从产品分离后保持其外部属性（即功能和材料特性）的元素。如果不使用破坏性拆解方法，组件就不能进一步拆解。连接或联系是物理连

接两个组件以限制它们之间的运动的关系。任务分解可以废除这些关系来区分相关组件。

产品的结构可以用多种方式表示，其中连接图和拆解矩阵比较常用。连接图（联络图）是以图形形式表示完整产品结构的无向图。组件由节点和连接用弧表示。根据细节的层次，图 3-2a 所示产品可以用三种不同的形式表示。

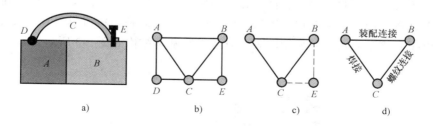

图 3-2 连接图

a）产品装配 b）扩展形式 c）约化形式 d）最小的形式

该产品有三个主要组成部分，A、B 和 C，A 和 B 之间通过装配连接。B 和 C 由准组件螺钉 E 连接。C 和 A 由虚拟焊接 D 连接。简化形式通过隐藏虚拟组件和使用虚线来表示结构。在这种情况下，与虚拟组件相关联的连接，即 D-A 和 D-C 将被删除。作为一个结果，只有一个 A-C 保留焊接关系（图 3-2c）。最小形式通过隐藏虚拟组件和准组件以最紧凑的方式显示产品的结构。这种形式是最简单的产品表示方法且同时保持信息的主要组成部分（图 3-2d）。

产品结构还可以用拆解矩阵来表示，然后用计算方法（例如线性规划 LP 或整数规划 IP）来解决拆解规划问题。拆解矩阵是一个 $N \times N$ 阶矩阵，其中 N 是组件的数量。矩阵的每个元素表示存在两个相应组件之间的连接，如果存在连接，则为"1"，如果不存在连接，则为"0"。这些信息完全由矩阵的左下角表示，因为矩阵是对称的，对角线上的元素不适用。矩阵如下，从中可以看出最大连接数是 $N(N-1)/2$。

$$
= \begin{array}{c|ccccc}
 & A & B & C & D & E \\
\hline
A & & & & & \\
B & 1 & & & & \\
C & 1 & 1 & & & \\
D & 1 & 0 & 1 & & \\
E & 0 & 1 & 1 & 0 & \\
\end{array}
$$

（2）**紧固件表示** 紧固件是用来连接其他（主要）部件的部件或设计元件。与拆解目标无关的紧固件可以与主要部件分开建模。一般定义这样的紧固件为准组件，可分为元件（如螺钉、铆钉、电缆等）或主要组成部分（如卡扣）。连接的建立元素（如焊料和焊接接头）本身不构成一个组件，可以被认为是虚拟组件。

（3）**产品附属信息表示** 目前在废旧产品的拆解领域中，大多集中在对产品的几何结构进行建模和描述，并依此来进行拆解序列的规划。这些方法从目前废旧产品拆解回收的实际情况来看是有所欠缺的。因为废旧产品是由种类不同的材料制成，其连接强度、拆解方式，特别是采用部分破坏式拆解方法的工具和手段都不相同。因此，必须将这些材料、装配等附属信息也添加到废旧产品的可拆解模型中去。

特别是对零部件的材料类型多且回收方法不同的报废产品而言，仅仅采用上述的连接图模型是难以胜任的。因此，需在连接图模型的基础上基于拆解物料清单（Disassembly Bill of Material，DBOM）来建立可拆解模型的表示方法，其基本结构如图 3-3 所示。

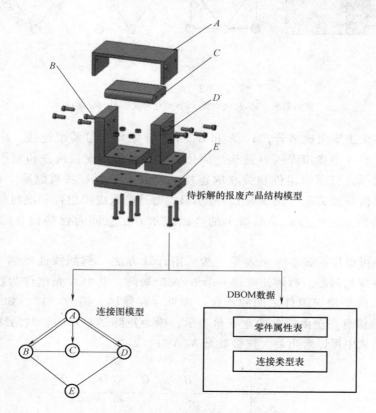

图 3-3　基于 DBOM 的可拆解模型

根据上述原理可以建立报废汽车的可拆解模型。由于报废汽车零件众多，以一辆普通的小型乘用车为例，其零件数量就达到五千多个。对这五千多个零件逐一建立混合图模型不仅十分困难，也是不必要的，因为报废汽车的拆解是以主要部件作为拆解对象来进行处理的，特别是作为再制造对象的零件一般为发动机、变速箱、发电机、起动电动机，其余零部件要么作为可再用件直接进入维修市场，要么作为材料进行回收利用。

3.3.2　拆解目标的选择

对废旧机电产品进行选择性拆解时，首先要确定选择性拆解的目标零件。在实际工程中，往往是对多个零件进行不同用途的拆解，其中包括可再利用的零部件、可再制造的零部件，以及含有特殊材料的零部件，如报废汽车的三元催化器。上述类型的零部件都需要通过拆解来获得。剩余的部分作为材料回收与再生来进行处理。总体而言，可以按照下述原则来确定拆解目标及其拆解方式。对于具有环境污染性的部件应当采用专用的设备，并严格按照国家规定进行拆解与处理。如报废汽车中的制冷剂、蓄电池等。而对于可直接再利用和再制造的零部件，在符合市场原则的前提下，应当采用无破坏方式进行拆解。对于那些没有再利用价值的零部件，则可以采用高效拆解设备以部分破坏方式进行拆解，这种拆解方式应当以不影响最终的材料再生为前提。

3.4 拆解过程的表示与求解

3.4.1 拆解过程的模型图表示

（1）**拆解优先图** 拆解优先图表示由优先关系连接和约束的拆解过程的子任务。可以用两种形式来表示：作为面向组件的或面向任务的图（图3-4），箭头指示执行任务的顺序。这项技术最初用于装配过程和装配线的平衡问题。主要的缺点是完整的拆解序列不能用一个图表示，如图3-5所示。

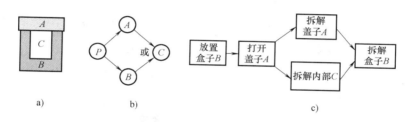

图 3-4 拆解优先图
a）装配 b）面向组件 c）面向任务

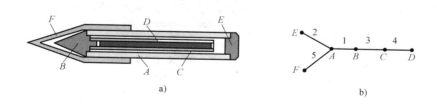

图 3-5 圆珠笔产品
a）装配 b）连接图

（2）**拆解树** 拆解树可以表示可拆解序列的所有可能选择，并从包含按级别和操作类型排序的所有可能序列的表派生。一种广泛使用的例子是 bourjault 树。其主要缺点是复杂产品拆解树太过复杂和表示并行操作的难度大。图3-6显示了一个示例产品拆解过程的 bourjault 树。

（3）**状态图** 状态图将拆解序列表示为一个无向图，其中每个节点代表一个可拆解的状态。这可以分为两种方法：面向连接的和面向组件的（图3-7）。所有可能的连接组合都由节点表示，每条边代表一个连接建立或解散。主要优点是完整产品的拆解序列可以在一个图表中展示，甚至复杂产品的图也很紧凑。缺点是状态图无法显示如何在不影响相关连接组合的情况下单独完成某些连接的拆解。

卡拉等人使用面向连接的状态图表示法开发了另一种图形表示方法，即拆解序列图，用于表示拆解过程的不同阶段的拆解序列。该关系图可以由联络优先关系自动生成，图3-8中给出了一个例子。

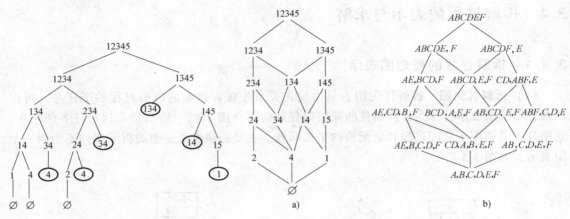

图 3-6　圆珠笔的拆解树

图 3-7　圆珠笔的状态图
a）面向连接　b）面向组件

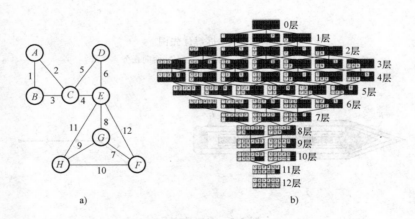

图 3-8　拆解序列图
a）连接图　b）拆解序列图

（4）AND/OR 图　该图基于组件的拆解序列，由多个弧表示（超弧）从父组件到子组件的关系（图3-9）。这克服了状态图的缺点，其主要的缺点是视觉表示的复杂性，当组件的数量增加时，会变得难以阅读。兰伯特等提出了该图的简化版本，称为简洁 AND/OR 图。另外，包括超图、Petri 网图和混合图等在内，还有多种表示产品模型的方法，均为使模型及其约束条件更加准确。

3.4.2 拆解序列规划（DSP）

拆解序列是一种在拆解操作过程中连接或脱离部件时的拆解程序。拆解序列规划（DSP, Disassembly Sequence Planning）的主要目的是寻找最佳的拆解序列，需要考虑很多因素，如成本效益、材料回报、部件回收和操作时间等。从理论上讲，

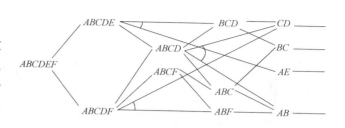

图 3-9　圆珠笔的 AND/OR 图

可能的序列数目根据组件的数量会成倍增加。因此，寻找最优解被认为是一个 NP-hard 问题。

拆解序列规划属于离散组合优化问题，基于拆解赋权混合图可将该问题描述为：设某产品的拆解赋权混合图为 G，含有 N 个最小拆解单元，每次能且只能拆解一个单元，要求确定一条遍历所有单元并使拆解成本最低的拆解序列，且满足约束条件：①遍历顺序必须满足拆解可达性条件；②每个顶点只能遍历一次。该问题可用矩阵描述如下：

$$\boldsymbol{M}_g = \boldsymbol{R}_{ij} = \begin{pmatrix} r_{0,0} & r_{0,1} & \cdots & r_{0,n-1} \\ r_{1,0} & r_{1,1} & \cdots & r_{1,n-1} \\ \vdots & \vdots & & \vdots \\ r_{n-1,0} & r_{n-1,1} & \cdots & r_{n-1,n-1} \end{pmatrix}$$

其中，$r_{ij} = \begin{cases} 1, & (i, j) \in E_f \text{ 或 } j, i \in E_{fc}, \text{ 且 } i \neq j \\ 0, & \text{其他} \\ -1, & i, j \in E_c \text{ 或 } E_{fc} \end{cases}$

对 $\boldsymbol{M}_g$ 进行分解得到邻接矩阵和拆解约束矩阵：

邻接矩阵 $\boldsymbol{M}_{link} = \{ml_{ij}\}_{n \times n}$

$$ml_{ij} = \begin{cases} 1, (i,j) \in E_f \text{或} i,j \in E_{fc} \text{或} j,i \in E_{fc} \\ 0, \text{其他} \end{cases}$$

拆解约束矩阵 $\boldsymbol{M}_{cons} = \{mc_{ij}\}_{n \times n}$

$$mc_{ij} = \begin{cases} -1, i,j \in E_c \text{或} i,j \in E_{fc} \\ 0, \text{其他} \end{cases}$$

如图 3-10 所示某产品的邻接矩阵和拆解约束矩阵分别为：

$$\boldsymbol{M}_{link} = \begin{pmatrix} 0 & 1 & 0 & 1 & 0 & 1 \\ 1 & 0 & 1 & 1 & 1 & 0 \\ 0 & 1 & 0 & 0 & 0 & 0 \\ 1 & 1 & 0 & 0 & 0 & 0 \\ 0 & 1 & 0 & 0 & 0 & 0 \\ 1 & 0 & 0 & 0 & 0 & 0 \end{pmatrix}$$

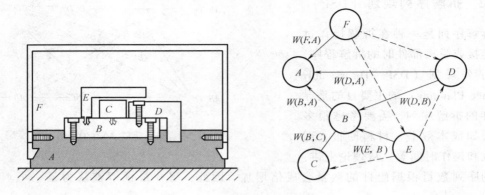

图 3-10　某产品的结构和有向图模型

$$M_{cons} = \begin{pmatrix} 0 & 0 & 0 & 0 & 0 & 0 \\ -1 & 0 & 0 & 0 & 0 & 0 \\ 0 & 0 & 0 & 0 & 0 & 0 \\ -1 & -1 & 0 & 0 & 0 & 0 \\ 0 & -1 & -1 & -1 & 0 & 0 \\ -1 & 0 & 0 & -1 & -1 & 0 \end{pmatrix}$$

当最小拆解单元 j 不受强物理约束和空间约束时，则满足拆解可达性条件可描述为：

$$\sum_{i=0}^{N-1} mc_{ij} = 0$$

在拆解完一个单元后，需要对邻接矩阵和约束矩阵进行更新，其约束条件可以描述为：

$$\sum_{i=0}^{N-1} ml_{ij} \geq 1$$

其实质是将图搜索和智能算法相结合，主要包括三个步骤：建立图模型、粒子群预处理、粒子按进化规则寻优。

步骤 1　建立图模型是求解成败的基础。为降低模型复杂度，借鉴连接图的思想，将紧固件等连接件剔除掉，组件的拆解实质是不断去除这些连接约束的过程，所以，将这些紧固件作为约束信息放入其中。另外，对于较复杂产品，可以将部件作为最小拆解单元，然后逐层处理。预处理完成后，通过人机交互的方式从产品装配体中提取约束信息，生成拆解混合图，并初始化约束矩阵和邻接矩阵。

步骤 2　粒子群预处理。粒子群的预处理实质上就是预先生成系列可拆解序列。这样有助于减少进化的盲目性，并保证了拆解序列的正确性。通过几何推理随机生成符合可拆解条件的拆解序列，作为初始粒子。

步骤 3　粒子按照进化规则寻优，粒子适应度值用于评价粒子的优劣，适应度值越小，说明该序列所用拆解成本越少。用户可以预先给予一个阈值，或最大迭代次数作为算法收敛条件。算法的具体流程如图 3-11 所示。

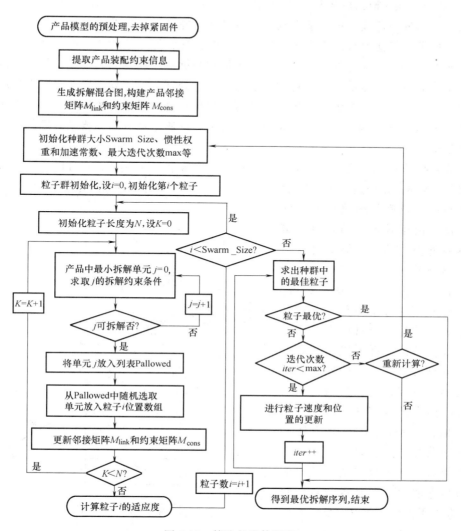

图 3-11 算法的具体流程

3.4.3 基于部分破坏方式的拆解路径规划

对于部分破坏模式的拆解，首先定义以下的拆解准则。

拆解准则 1：判断当前可操作零件的回收用途及材料等级值，同时判断与之相连的零件的回收用途和材料等级值。若材料等级值低的零件为再制造或再利用零件，则不能进行零件局部脆性破坏拆解；反之，则可以进行零件局部脆性破坏拆解。

拆解准则 2：判断当前可操作零件与相连零件的连接类型，如果是螺栓螺钉且规格值大于阈值，则可以实施紧固件破切方式的破坏性拆解。

拆解准则 3：判断当前可操作零件的结构形式，若连接部位为杆件或薄壁结构且模糊等级值小于阈值，则可以实施直接剪切方式的部分破坏拆解。

拆解准则 4：如果零件在特征上属于薄弱零件，且回收用途为材料回收。则采用直接剪切方式进行破坏拆解。相应地，与该零件相关的连接数减少为1个，拆解成本为零件的剪切成本。

根据上述部分破坏模式的拆解准则，可以进行选择性拆解的搜索过程。目前虽然有利用蚁群算法、粒子群算法等智能算法求解拆解序列的方法，但是这些方法都是针对邻接矩阵在同一个层面上所进行的局部寻优，不能保证所得到的拆解序列是全局最优。下文采取的算法是对邻接矩阵的每个层面所可能存在的拆解操作进行处理，将运算结果保存到树形结构的拆解过程树中，然后通过对拆解过程树进行遍历来找出符合全局最优的拆解序列。对于面向回收的选择性拆解而言，拆解过程的结束条件是目标零件满足被分离的要求，即与其相关的配合或约束都被解除。

在生成可拆解路径图之后，针对目标零件的分离条件，采用扩展的 Floyd 算法来求解最优拆解路径。Floyd 算法是一种求解加权图中任意两节点间最短路径的一种高效率算法。由于其求解的是单一路径，在拆解过程中不一定能满足目标零件的分离条件。因此，需要根据选择性拆解的实际要求，对其做出扩展。先根据目标零件的分离条件，建立其分离关系表。另外，与目标零件相关的约束零件，即存在拆解优先关系的零件也在分离关系表中。按照分离关系表中的相邻节点作为目标点，以入口零件为起始点，以零件之间的拆解成本为权值，分别调用 Floyd 算法来求取其最短路径。然后以每一种入口零件为起始点，以各分离条件所对应的零件为终点的单一路径进行总拆解成本 M_i 的计算并存入数组，最后对所有的拆解成本 M_i 进行快速排序，这样便可求出符合全局最优的选择性拆解路径，其算法如图 3-12 所示。

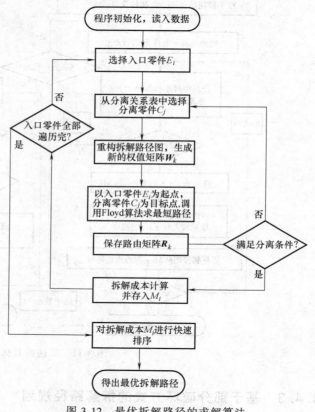

图 3-12　最优拆解路径的求解算法

实例 3-1

以家用豆浆机的回收过程作为实例来分析上述方法的可行性。考虑到豆浆机的浆桶可直接分离，所以只考虑机头部分的拆解和回收，豆浆机机头组件结构如图 3-13 所示。为了便于说明，将一些细部结构进行了简化。另外，螺钉之类的紧固件作为装配关系的属性信息进行处理。在豆浆机的机头中，从回收的角度来看，只有电动机部分（电动机转子与主轴为一体化结构）具有再制造价值，应该采取无破坏的方法进行拆解。温度传感器和加热管没有再利用价值，但由于含有少量贵金属，应当在拆解后单独收集和处理。因此，作为选择性拆解的目标为电动机、加热管、温度传感器。其余的零件可以破坏性拆解或者不拆解。上盖和下盖只能作为废塑料加以应用。豆浆机机头组件的零件属性信息见表 3-1。（表中部分零件如导线等未在图 3-13 中绘出）

表 3-1 豆浆机机头组件的零件属性信息表

序号	零件名称	材 料	回收用途
1	上盖	塑料	直接材料回收
2	控制电路板	环氧树脂、铜、陶瓷等	贵金属回收
3	电源插座	塑料、铜	直接材料回收
4	下盖	塑料	直接材料回收
5	连接导线	塑料、铜	直接材料回收
6	连接导线	塑料、铜	直接材料回收
7	连接导线	塑料、铜	直接材料回收
8	电动机组件	硅钢、铜	再制造
9	下盖	塑料	直接材料回收
10	刀片	不锈钢	直接材料回收
11	温度传感器	铜、半导体材料	贵金属回收
12	加热管	镍铬合金、铜	贵金属回收

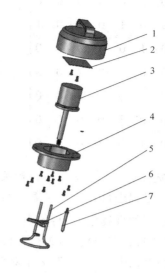

图 3-13 豆浆机机头组件结构（导线未表示）
1—上盖 2—控制电路板 3—电动机组件
4—下盖 5—加热管 6—刀片 7—温度传感器

豆浆机机头的混合模型如图 3-14 所示。依据上述的拆解准则，与控制电路板相连的电线 5、6、7 符合次要零件的直接剪切破坏拆解方式，且可以与控制电路板一起进行后续的资源化处理。只是其剪切点要选在适当的位置。根据部分破坏拆解准则对图 3-14a 所示的混合图模型进行处理之后，得到的部分破坏条件下的可拆解模型如图 3-14b 所示。

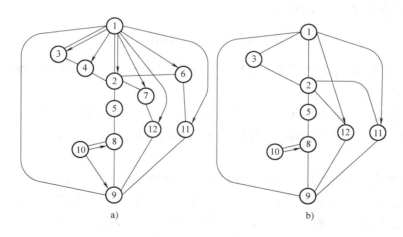

图 3-14 混合图模型
a）豆浆机机头零部件的混合图模型 b）基于拆解准则处理后的混合图模型

从选择性拆解的角度看，豆浆机的上盖与电源线插座都属于塑料材质，即使其中有少量的金属铜，也可以通过先进的分选技术进行分离。因此对这两个零件可以进行合并，合并之后的混合图模型如图 3-15 所示。其对应的邻接矩阵和优先关系矩阵如下式：

$$G_1 = \begin{pmatrix} 0 & 3 & 0 & 3 & 0 & 0 & 0 \\ 3 & 0 & 1 & 0 & 1 & 0 & 1 \\ 0 & 1 & 0 & 3 & 0 & 3 & 0 \\ 3 & 0 & 3 & 0 & 2 & 0 & 3 \\ 0 & 1 & 0 & 2 & 0 & 0 & 0 \\ 0 & 0 & 3 & 0 & 0 & 0 & 0 \\ 0 & 1 & 0 & 3 & 0 & 0 & 0 \end{pmatrix} \quad G_2 = \begin{pmatrix} 1 & 0 & 0 & 0 & 0 & 0 & 0 \\ 1 & 0 & 0 & 1 & 0 & 0 & 0 \\ 1 & 0 & 0 & 1 & 0 & 1 & 0 \\ 1 & 0 & 0 & 0 & 0 & 0 & 1 \\ 1 & 0 & 0 & 0 & 0 & 0 & 0 \\ 1 & 0 & 0 & 0 & 0 & 0 & 0 \\ 1 & 0 & 0 & 0 & 0 & 0 & 0 \end{pmatrix}$$

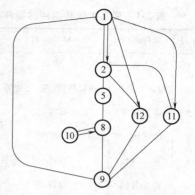

图 3-15　零件合并之后的混合图模型

按照上述的求解算法和相关准则对豆浆机机头组件的拆解过程进行分析和求解，分离电动机、加热管和温度传感器的拆解序列为：

（1-9），（1-2），［（2-8），（2-11），（2-12）］，（8-10），［（9-12），（9-11），（8-9）］

在上式中，"（　）"表示对零件 1 和零件 9 之间的连接进行拆解操作。［（2-8），（2-11），（2-12）］表示其中的三个拆解操作在顺序上是等价的，即其拆解成本相同。

3.5　计算机辅助拆解工艺系统

3.5.1　基于产生式规则的拆解知识表示

产生式规则表示方法是一种比较成熟的表示方法。它建立在因果关系的基础上，表示为 If 条件 Then 结论的形式，一般形式为：

$$P_k : (\text{AND}_{i=1}^{m} P_{ki}) \rightarrow (\text{AND}_{j=1}^{n} Q_{kj})$$

式中，P_k 表示规则编号；k 为规则的个数；P_{ki} 为规则前件；m 为前件的个数；Q_{kj} 为后件结论；n 为后件的个数。

规则中左部是一组前提（条件或状态），用于列出该产生式是否可用的条件；右部是一组结论或操作，用于指出当左部中的所有条件得到满足时可以得到右部的结论或应该执行的操作。

产生式规则的这种表达形式应用到废旧汽车拆解数字化工艺系统的研究中，可更加清晰地描述事实和规则之间的关系。比如规则"如果固定式汽车举升机存在，电动五金工具存在，底盘已经拆解完毕，那么可以拆解变速箱"，用产生式规则表示则为：

IF（Exist 固定式汽车举升机）AND（Exist 电动五金工具）AND（Complete 底盘）Then（unload 变速箱）

废旧汽车拆解数字化工艺系统界面如图 3-16 所示。

抽象出来即为 If $(E_1 \wedge E_2 \wedge \cdots \wedge E_n)$ Then(A)。其中，E_1、E_2、$\cdots$、E_n 表示前置条件，A 表示后置结论。其意义就是当逻辑表达式 $(E_1 \wedge E_2 \wedge \cdots \wedge E_n)$ 成立时，就能推导出 (A) 作为结论成立。

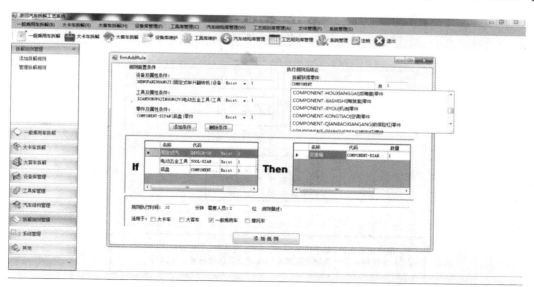

图 3-16 废旧汽车拆解工艺系统界面

3.5.2 计算机辅助拆解工艺系统的输入与输出

废旧汽车拆解数字化工艺系统的主要功能是为报废汽车拆解任务提供最优化的解决方案。主要过程是根据各厂商提出的要求（如拆解规模、投资规模、场地要求等），选择合适的设备、工具，配备相应的人员，生成一套最优化的拆解方案，使得拆解过程可以在系统里仿真实现，同时所需的各项资源也可以以清单的形式列出。

1）系统主要输入参数。①拆解数量规模；②投资规模；③拆解模式；④场地制约。

2）系统主要输出参数。①所需设备清单；②人员配备；③拆解时间；④拆解工艺流程。

3.5.3 计算机辅助拆解工艺系统的总体结构

对于不同的废旧产品而言，其拆解工艺是不同的。这里以报废汽车的拆解为例，来说明计算机辅助拆解工艺系统的一般性构成。废旧汽车拆解数字化工艺系统主要包含拆解工具库管理、拆解设备库管理、汽车零件库管理、拆解工艺库管理、拆解方案推演、拆建方案最优化及相关的系统权限管理，如图 3-17 所示。

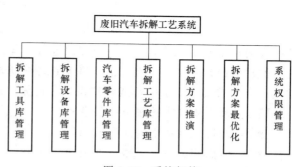

图 3-17 系统架构

3.5.4 计算机辅助拆解工艺系统的推理机设计

报废汽车拆解数字化工艺系统的工艺处理过程如图 3-18 所示。

正向推理是以已知事实作为出发点的一种推理。其基本思想是：从用户提供的初始已知

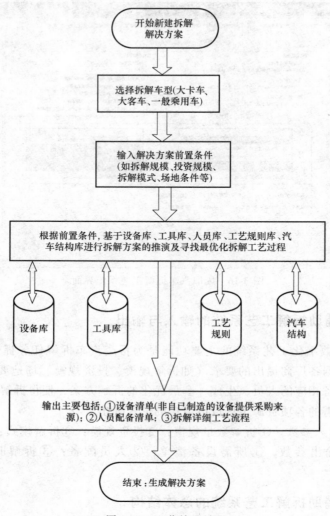

图 3-18 工艺处理过程

事实出发，在知识库（KB）中找出当前可适用的知识，构成可适用知识集（KS），然后按某种冲突消解策略从 KS 中选出一条知识进行推理，并将推出的新事实加入到数据库中作为下一步推理的已知事实，在此之后再在知识库中选取出可适用的知识进行推理，如此重复这一过程，直到求得所要求的解或者知识库中再无可适用的知识为止。正向推理算法如下：

步骤 1：系统从事实链取出一条事实。

步骤 2：寻找规则链中的匹配规则集。

步骤 3：根据冲突消解策略，取出适合规则。

步骤 4：通过规则得出规则结论。

步骤 5：判断规则结论是否在事实链中，若不存在则将规则结论加入到事实链。

步骤 6：判断是否有新的规则生成，若没有，规则推理结束。

考虑工具、设备、拆解工人等拆解条件的受限性，最终给出改进后的正向推理机的设计方案，如图 3-19 所示。

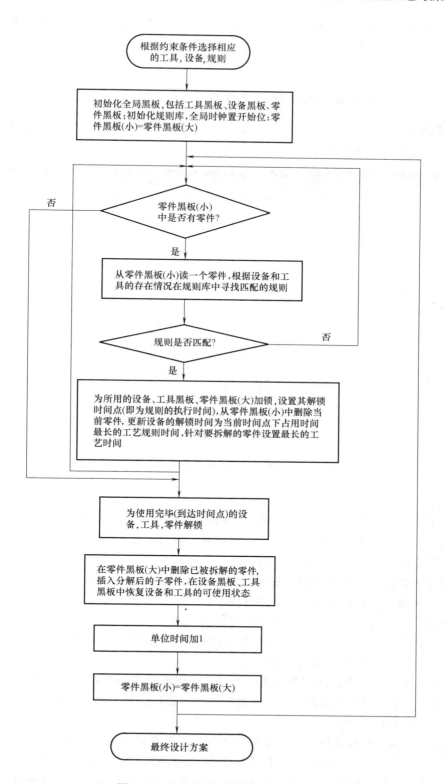

图 3-19 改进的正向推理机的设计方案

推理开始前先进行黑板初始化：①初始化黑板时需要定义工具、设备的使用时间。②零件黑板有2块，一块是在一个时间点层面的（零件黑板（小）），另一块是在整个时间过程层面的（零件黑板（大））。

3.5.5 计算机辅助拆解工艺系统主要模块

（1）**系统主界面** 登录后系统主界面如图3-20所示，系统操作区域主要分为三个部分：下拉菜单、快捷按钮和导航菜单。

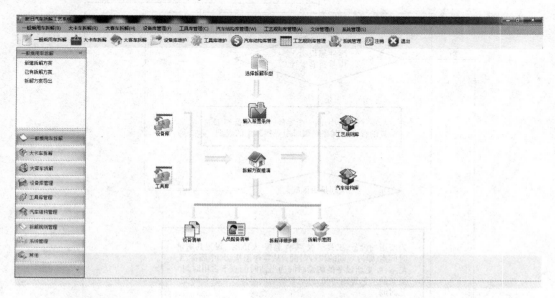

图3-20 系统主界面

功能主要包括：

1）一般乘用车拆解。主要是针对小汽车的拆解方案的建立及管理。

2）大卡车拆解。主要是针对货运卡车的拆解方案的建立及管理。

3）大客车拆解。主要是针对大型营运客车的拆解方案的建立及管理。

4）设备库管理。对拆解所用设备的管理。

5）工具库管理。对拆解所用工具的管理。

6）汽车结构管理。对汽车结构及各零部件的管理。

7）拆解规则管理。对拆解过程中需要遵循的各项拆解规则进行管理。

8）系统管理。对用户、密码等进行管理。

（2）**设备库、工具库、汽车零件库的维护** 设备库管理菜单中会有添加设备和设备管理两个子菜单，可以对拆解用的设备信息进行添加和管理，单击添加设备，将会弹出添加设备的窗口，如图3-21所示。

设备的主要信息有两部分，一部分是基础信息，包括设备名称、生产厂商、设备价格、适用车型、设备代码等，其中设备代码是全局唯一的代码，系统提供检测其唯一性功能。另外一类信息为设备的属性信息，由于各设备的属性信息有所不同，系统提供属性的自定义功能，单击该窗口的"增加设备属性"按钮，将弹出添加设备属性窗口，如图3-22所示。

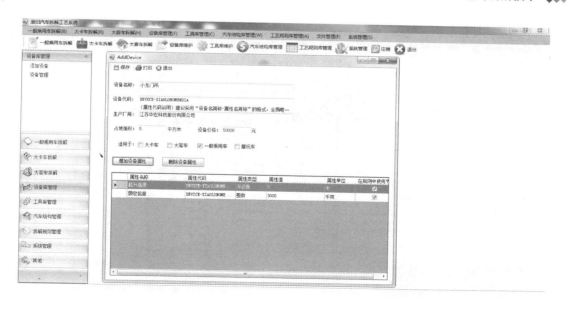

图 3-21　添加设备界面

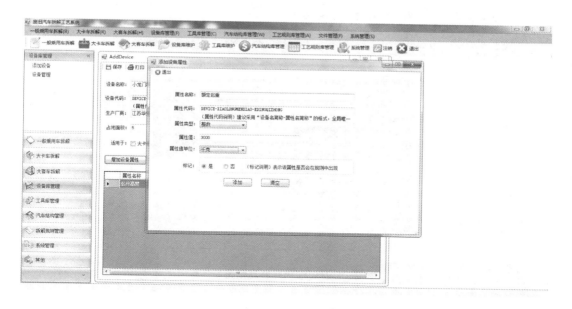

图 3-22　添加设备属性窗口

该窗口可定义属性名称，属性代码，属性类型，属性值，属性值单位等信息。当按"添加"按钮后，相应属性会添加到该设备。图 3-23 所示为设备管理功能窗口，可以对设备进行查询、修改、删除等操作。

（3）拆解工艺库维护　单击拆解规则管理菜单，会有添加拆解规则和管理拆解规则两个子菜单，可以对拆解用的拆解规则信息进行添加和管理，单击添加拆解规则，将会弹出添加拆解规则窗口，如图 3-24 所示。

图 3-23　设备管理功能窗口

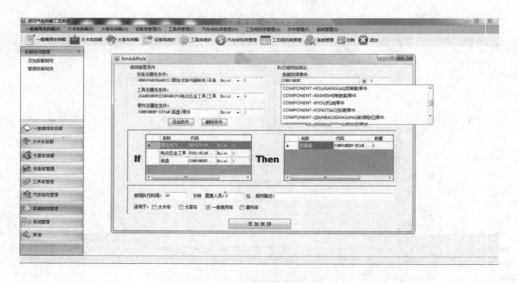

图 3-24　添加拆解规则窗口

拆解规则即将汽车拆解专家的拆解经验知识用计算机方法来表示，本系统采用产生式系统的表示方法来实现。If 语句表示为这条规则的执行条件，其中包含执行这条拆解规则需要的工具、设备、前置零件条件等；Then 语句为执行该规则后将拆解得到的零件。在输入零件、工具、设备等信息时均可采用代码提示的功能来查找。另外，本窗口还需录入相关规则信息：①规则执行时间，即为执行这条规则（进行此拆解步骤）所需的时间。②需要人员，即为进行此拆解步骤需要的人员数量。③适用车型，即为该条规则可以适用于哪些车型。

图 3-25 所示为拆解规则管理功能窗口，可以对规则进行查询、修改、删除等操作。

（4）拆解策略生成与管理　在维护了工具库、设备库、零件库及规则库的基础上，本

图 3-25　拆解规则管理窗口

系统可以在配置一定的前置条件下进行拆解序列方案的自动生成，并同时给出拆解的成本、车间的占地面积、人员配备等资源情况，如图 3-26 所示。前置条件主要包括以下几个方面：①预计投入资金，指建立拆解车间需要投入的资金，比如购买设备、工具的费用，人员的费用，场地的费用等。②预计场地面积，指建设拆解厂房的预计面积。③预计工人数量，各拆解环节需要工人的总数。④日均拆解数量，指该方案每天能拆解的汽车数量。

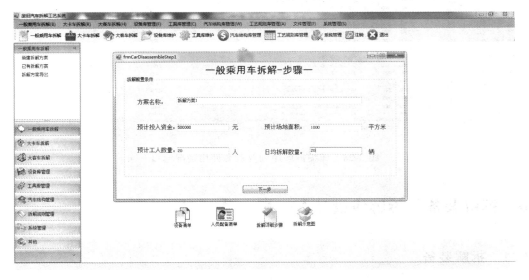

图 3-26　设置拆解前置条件窗口

单击下一步后，系统进入推理过程，经过一段时间的计算后，系统将会得到多种拆解序列方案，每种方案都有不同的对资源的使用情况，如图 3-27 所示。

双击某个方案，可以查看该方案下详细的拆解流程，如图 3-28 所示。

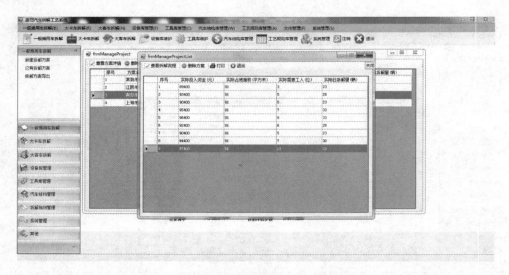

图 3-27 多种拆解序列及资源使用情况窗口

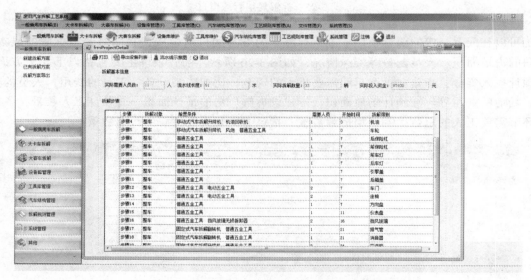

图 3-28 详细拆解序列及资源使用情况窗口

3.6 拆解装备与拆解线设计

3.6.1 拆解装备

拆解装备成套化是提高废旧机电产品拆解效率、零部件资源再利用率的有效途径。拆解装备成套化是先进拆解技术的标志，它是机电产品循环再利用拆解技术主要研究的方向之一。

拆解装备成套技术是为已设定的拆解工艺所设计或选定的，将各种具有不同性能的设备组合为一个整体的设备系统。

对机电产品拆解实施装备成套技术是一个系统工程，工作量大、涉及的内容多，主要工作有：市场调研、工艺开发与设计、经济性分析、单元设备选型与设计、设备布置设计、设备安装与调试。

（1）**市场调研** 市场调研是运用科学的方法，迅速地、系统地、有目的地收集和整理有关市场的各种信息和资料，为企业制定战略、决策提供依据。对于废旧产品的拆解与回收而言，首先要调研废旧产品的市场保有量，以及退役周期和相关政策。其次需要对拆解处理后的衍生产品的市场情况进行调研。比如有的零件虽然可以再利用，但是由于其主机产品已经丧失了市场空间，那么该零件也只能进行材料层面的回收利用。此外，在全球化的今天，这种市场调研一定要面向全球。某种产品在国内可能没有再利用价值，但是在一些落后国家和地区仍然有相当广阔的市场。

（2）**经济性分析** 经济性分析主要是指财务评价。在国家现行财务制度和价格体系的条件下，计算项目的费用和效益，分析项目的盈利能力、清偿能力和外汇平衡能力，考察项目的可行性。

3.6.2 拆解装备的选型与设计

单元设备是构成成套设备的基本单位。在机电产品拆解成套设备中，拆解单元设备按照其作用分为预处理设备、拆解设备、后处理设备和输送设备。

单元设备的选购与设计应遵循技术上先进、经济上合理、生产上适用的原则。

1. 预处理设备

在机电产品拆解过程中，预处理设备主要是完成被拆对象的清洗，废油、废液的收集以及有害、危险物的拆除，该类设备几乎已全部市场化，可直接选购。以下为常见的几种预处理设备。

（1）**制冷剂收集装置** 制冷剂收集装置的作用是收集机电产品中的制冷剂，在选购中应重点考虑其工作效率（每分钟的收集速度）、制冷剂存储罐的容积等内容（图3-29）。

a)   b)

图 3-29　制冷剂收集机

a）德国博世制冷剂收集机　b）国产制冷剂收集机

（2）**废油收集装置** 为减小运行时的摩擦，机电产品往往需要使用各种润滑油（液），对于自带动力的机电产品，还需使用燃油（柴油或汽油）。在对废旧机电产品拆解时，必须先对其进行回收，以减少污染和危险性。废油收集装备主要有抽油机（图 3-30a）和油箱打孔机（图 3-30b）。

2. 拆解设备

拆解设备是成套装备里的主干装备，往往需根据被拆对象进行专门设计。其设计过程应遵循机电产品的设计原则与方法。以下为报废汽车拆解的几种主要拆解设备。

（1）**汽车举升机** 汽车举升机是能将被拆汽车举升到适合拆解操作高度的一种设备，除目前汽车修理厂常用的立柱式汽车举升机（图 3-31a）、铰链式汽车举升机（图 3-31b）外，在废旧汽车拆解企业经常使用固定式液压汽车举升机或移动式汽车举升机（图 3-31c、d）。

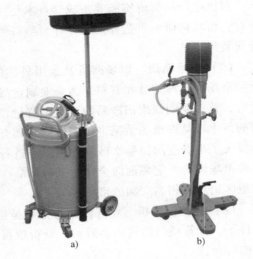

图 3-30　废油收集装置
a）抽油机　b）无火花油箱打孔机

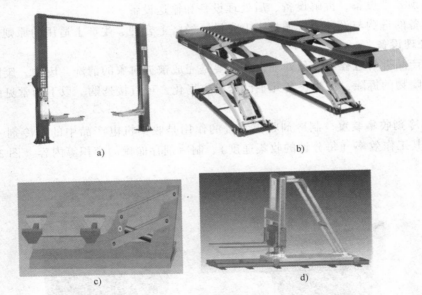

图 3-31　汽车举升机
a）立柱式汽车举升机　b）铰链式汽车举升机　c）固定式液压汽车举升机　d）移动式汽车举升机

（2）**汽车翻转机** 汽车翻转机是为了将汽车底盘翻转到适合拆解人员操作位置的一种设备，分为固定式和移动式两种形式，如图 3-32a、b 所示。

（3）**汽车举升翻转一体机** 举升翻转机（图 3-33）是一种既能使被拆汽车升降，同时还能进行翻转的拆解设备。

3. 后处理设备

后处理是指被拆机电产品进行选择性拆解后，对无高附加值零部件的剩余物（如汽车

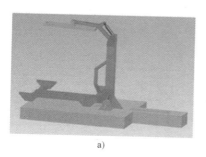
a)

b)

图 3-32 汽车翻转机

a）固定式汽车翻转机 b）移动式汽车翻转机

壳体）进行压缩打包（便于储运）、剪切、破碎以及不同材料的分选等工艺过程（不包括材料的冶炼或合成）。

由于机电产品拆解后的主要剩余物为废钢铁及部分其他金属材料、非金属材料，因此使用的设备主要为废钢处理设备，如打包机、剪切机、预碎机、破碎加工线等。

（1）**打包机** 打包机（图 3-34）主要用于松散拆解剩余物的体积压缩，便于其后续的运输与存储。

（2）**剪切机** 剪切机（图 3-35）适用

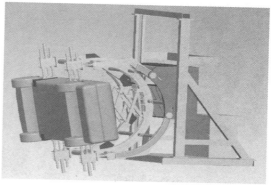

图 3-33 举升翻转一体机

于材质较单纯的条状、块状废钢（如汽车的底梁、墙板）的裁剪，目前主要有颚式剪切机和龙门式剪切机两种。

a)

b)

图 3-34 打包机

a）立柱式车身打包机 b）双向压缩车身打包机

（3）**预碎机** 预碎机（图 3-36）主要用于大块脆性材料（如各种铸铁箱体）的初步破碎。

（4）**破碎加工线** 破碎加工线（图 3-37）主要用于机电产品拆解后的大批量、块状混合材质剩余物的后处理。破碎加工线主要由输送带、破碎机（图 3-38）、材料分选机三大部分组成。

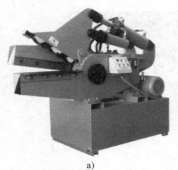

a)

b)

图 3-35 剪切机

a) 颚式剪切机　b) 龙门式剪切机

图 3-36 预碎机

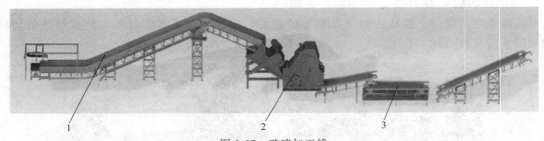

1　　　　　　　　　　　　2　　　　　　3

图 3-37 破碎加工线

1—输送带　2—破碎机　3—材料分选机

图 3-38 破碎机

4. 输送设备

由于机电产品往往是金属制品，体型和质量都比较大，因此在拆解过程中，一般采用可重载的地轨输送、悬挂输送、链板输送等方式。

（1）**地轨输送**　地轨输送是一种在地面上安装轨道，以载物小车在轨道上行走的物料输送方式。地轨输送具有结构简单、成本低的优点，但往往占地面积较大，特别是在形成环形输送时，需较大的拐弯半径。

（2）**悬挂输送**　悬挂输送是一种将被传送物体悬挂在空中的连续输送方式，广泛应用于厂内输送各种成件物品和装在容器或包内的散装物料，也可在各个工业部门的流水线中用来在各工序间输送工件，完成各种工艺过程，实现输送和工艺作业的综合机械化。

悬挂输送系统结构主要由牵引链条、滑架、吊具、架空轨道、驱动装置、张紧装置和安全装置等组成。图 3-39 所示为悬挂输送实物图。

图 3-39　悬挂输送实物图（局部）

悬挂输送的优点是可在三维空间作任意布置，且能起到在空中储存的作用，节省地面空间。

（3）**链板输送**　链板输送是一种利用循环往复的链条作为牵引动力，以金属板作为输送承载体的一种输送机械设备（图 3-40）。链板输送的特点：

1）适用范围广。除粘度特别大的物料外，一般固态物料和成件物均可输送。

2）输送能力大。

3）牵引链的强度高，可用作长距离输送。

4）输送线路布置灵活。与网带式输送机相比，链板式输送机可在较大的倾角和较小的弯曲半径的条件下输送，因此布置的灵活性较大。链板式输送机的倾角可达 30°~35°，弯曲半径一般为 5~8m。

5）在输送过程中可进行分类、干燥、冷却或装配等各种工艺加工。

6）运行平稳可靠。

5. 拆解成套设备布置设计

设备布置的合理性与否，除了影响到车间面积的有效利用率外，还影响生产操作的便捷性、设备的维护性、物料流的畅通性等决定成

图 3-40　链板输送机

套装备生产效率的多方面因素。因此在对机电产品拆解成套设备进行安装调试前，必须进行科学的布置设计。

设备布置设计的原则：①满足工艺、流程的需要。②符合经济原则。③符合安全生产要求。④便于安装和维修。⑤良好的操作条件。

布置设计的基本依据：场地实况、被拆对象、品种、生产能力、预留空间。设备布置设计的步骤：①绘制车间建筑平面图。②按设备外形尺寸制作设备模型。③确定设备布置方案并完成平立面草图。④安排辅助室和生活室。⑤绘制正式设备布置图。

布局设计中应该考虑的问题：

1）从工艺和技术的角度出发，应考虑如下问题。①生产的连续性。②设备的操作、控制尽可能简单、有效。③生产因素的变化。④更多地采用新技术、新工艺。

2）从经济、管理、环保、安全的角度出发，应考虑如下问题。①选用小而有效的设备。②接近原料供应区、零部件存储区，运输方便。③设备大型化与产品小批量、多品种。④减少不必要的辅助设备。⑤选择耐腐蚀的材料，考虑防腐、防泄漏。⑥减轻工人劳动强度。

机电产品拆解工艺的设计与装配工艺的设计有极大的相似性，特别是在对产品进行再制造过程中所采用的逆向装配式拆解，完全就可以看成产品装配的逆过程。而在对产品进行部件级利用时采用的选择式拆解和仅作材料级利用时所采用的破坏式拆解，可以看作是在工艺过程上减少环节，工艺要求上降低标准后的"简化版产品装配逆过程"。

与传统装配工艺相同，拆解工艺也多采用整机或部件拆解工艺过程的二维工艺卡片、拆解工艺流程或拆解装备布局的二维流程图、布局图等拆解工艺文件给出。在工艺文件的传递中，主要以纸质的工艺卡片形式完成。

传统拆解工艺在制作和使用中存在以下问题：

1）传统拆解工艺文件具有很大的主观性、经验性和不确定性。工艺文件由工艺设计人员依据图样、拆解要求及个人经验来进行设计，不同的设计人员编写的工艺设计结果差异性可能很大，不符合工艺制订规范化、科学化的发展趋势。

2）传统拆解工艺文件包含信息有限，无法准确指导实际拆解工作。工艺文件以文字性描述为主，虽有少量插图，但结合文字性描述仍很难全面、详细地描述拆解操作过程，易产生歧义，不能准确指导实际拆解工作。

3）传统拆解工艺设计的设计效率低。由于通过手工或交互式完成的二维工艺设计都是面对具体的拆解对象和拆解要求，当拆解对象和要求发生改变时，需要进行重新设计或大量的编辑修改，重复工作造成人力物力资源的极大浪费。

4）传统拆解工艺文件传递的效率低。拆解工艺文件以纸质的工艺卡片形式来进行传递，虽然阅读方便，但无法进行快速查询，管理和保存也比较困难。

5）传统拆解工艺文件如不通过拆解和布局实验，将无法进行验证和优化整机及部件的拆解工艺，必须进行拆解实验，才能确定所制定拆解工艺的合理性。当同类的拆解对象很多时，且同一对象有不同的拆解要求时，如果一一采用拆解实验的方法，会导致实验工作量大幅上升。复杂的工艺流程还需要通过布局组线来实现，如果不经过布局组线实验，就不一定能保证布局的合理性和工艺的可实现性。

3.6.3 拆解线计算机仿真

对设计完成的拆解线可以采用目前常用的生产线仿真软件进行仿真和评价。如采用德国西门子的 Teconomatix 软件进行建模与仿真。

通过创建工程库的方法从资源库中将各种与本项目相关的资源拖入资源文件夹，为方便结合 AutoCAD 软件进行布局，每个设备除对应一个三维模型外，还需要对应一个 DWG 格式的二维线框图，如图 3-41 所示。

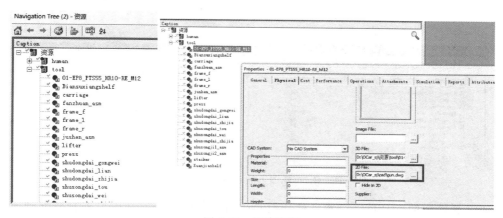

图 3-41　构建资源

（1）拆解线的初步规划　当前设计的拆解工艺由拆轮胎、拆保险杠、拆引擎盖、拆车灯、拆内饰件、拆发动机等工位组成。此时，可在 Process 文件夹下建立 1 个 PrLine 对象代表拆解线中的各种资源，然后在其下再建立 10 个 PrStation 对象代表拆解线上的 10 个工位。系统会在该文件夹中自动建立与之相对应的 PrLineProcess 和 PrStationProcess。这两类孪生对象分别代表工艺中的资源与操作，当对其一改名后，可以通过 Synchronize Process Objects 命令来同步两者的名称，如图 3-42 所示。

图 3-42　代表拆解工艺的两类孪生对象

（2）工位排序及分配时间　选中拆解工艺后使用右键菜单中的 Pert Viewer，可在 Pert 视图下通过箭头将任意两个工位连接起来，以实现工位的排序，如图 3-43 所示。然后再在 Gantt 视图下进行工时分配与工时平衡，如图 3-44 所示。

（3）将拆解的零部件分配到对应工位　将产品树中需拆解的零部件拖到对应拆解工位上，完成零件的分配。在 Relations Viewer 中，可核对零件与工位的对应关系是否正确。同

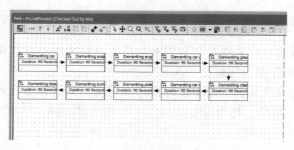

图 3-43　Pert 视图下的工位排序

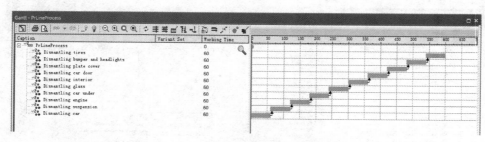

图 3-44　Gantt 视图下的工时安排及工时平衡

时，在工艺属性中的产品页，可看到被分配的产品，在产品的属性中可查看分配到的工艺，如图 3-45 所示。

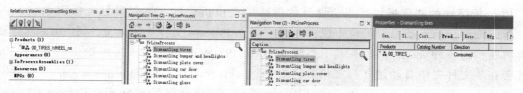

图 3-45　将拆解的零件分配到对应工位

（4）**将拆解资源分配到对应工位**　最后要将拆解所用的资源分配到对应工位，只要将想要分配的资源从资源库中拖入拆解工艺的对应工位即可，如图 3-46 所示。

（5）**拆解线的初步布局**　由于资源和产品导入后，默认都是在原来定义的位置。为了符合工艺布局的要求，需要移动到合适的位置。以图 3-47 所示的输送架定位图为例，可以直接拖动自身坐标系或给每个坐标轴输入精确的位移数值来定位，当所有的产品和资源采用相同的方法完成定位后，形成初步的拆解线三维布局如图 3-48 所示。

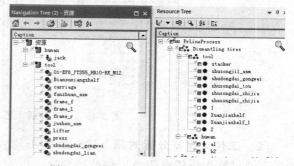

图 3-46　将拆解资源分配到对应工位

（6）**通过各种操作完成拆解工艺的设计**　拆解工艺的详细设计是通过完成各工位上的各种操作来实现的。这些操作主要有物流操作（Flow Operation）、设备操作（Device Operation）和使用工作任务仿真（Task Simulation

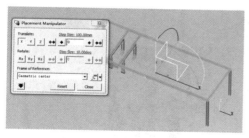

图 3-47　输送架定位图

图 3-48　拆解线三维布局图

Builder）功能完成的人体操作。物流操作实现设备、拆解产品的各种运动，如图 3-49 所示叉车的整体移动。设备操作实现设备的各种复杂运动，如叉车在搬运车辆时叉爪的升降、复位等动作。这需要在设备的编辑状态下进行机构的定义与机构运动的设置后才能实现，如图3-50 所示。人的各种动作可以通过抓取、拿放等基本操作来实现，但复杂的动作一般只能通过工作任务仿真来实现，如图 3-51 所示。

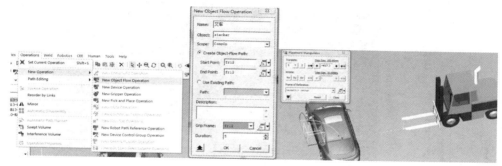

图 3-49　叉车的物流操作定义

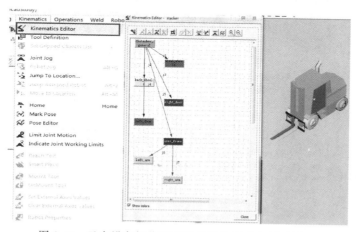

图 3-50　叉车设备操作定义前的机构定义与运动设置

（7）完成汽车拆解线的工艺设计　在完成上述各种操作的定义后，可以以动画的形式播放局部或整体的工艺过程。整个工艺过程中存在的问题可以通过可视化的效果呈现，然后通过交互式的操作进行修改和优化。最终完成的汽车拆解线的可视化工艺，如图 3-52 所示。

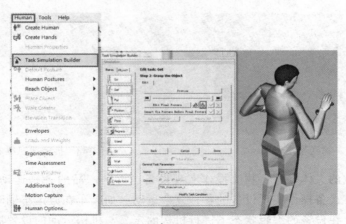

图 3-51　使用工作任务仿真功能实现人体的复杂动作

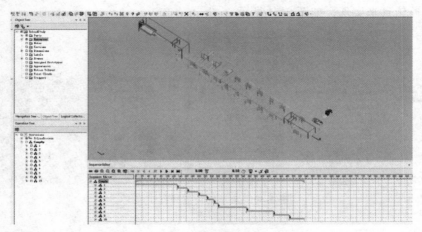

图 3-52　汽车拆解线的可视化工艺

第4章 机电产品再利用的清洗技术

4.1 概述

拆解之后的废旧机电产品，一般要经过清洗环节才能进入后续的再制造和再利用。即便是作为材料回收的废旧零部件也需要经过清洗以去除其中的杂质，从而提高再生材料的质量。清洗的主要目的是去除零件表面形成的污垢、锈蚀层等附着物，使零件尽可能恢复到初始状态，以便于进行后续的再制造或维修。这里所说的清洗是包括喷砂、抛丸等工艺在内的机械清洗技术，也包括了采用清洗剂的高温蒸汽清洗，还有干冰清洗、激光清洗等新型清洗技术。废旧机电产品往往需要经过多次清洗才能达到预期的目的，在选择清洗技术和清洗设备时，必须根据产品和零件本身的材料和物性特点，选择合适的清洗工艺。

4.2 清洗的目的和作用

4.2.1 拆解过程中的清洗

从机械设备上拆解下来的零件，其表面沾满污物，应立即清洗，以便进行检查。零件的清洗包括清除油污、水垢、积灰、锈层以及旧涂装层等。

对拆解后的机械零件进行清洗是修理工作的重要环节。清洗方法和清洗质量对零件鉴定的准确性、设备的修复质量、修理成本和使用寿命等都将产生重要影响。

4.2.2 再制造中的清洗

产品的再制造是以废旧产品为对象，利用先进技术将废旧产品进行彻底拆解翻修，生产出完全等同于新产品性能质量的再制造产品，从而达到高效的二次利用，其工艺流程如图4-1所示。由图4-1可知，清洗是产品再制造过程中必不可少的工艺流程，对保证再制造产品质量、降低再制造成本、提高再制造产品寿命有重要意义。

再制造清洗是指借助于清洗设备将清洗液作用于工件表面，去除装备及其零件表面附着的油脂、锈蚀、污垢、水垢、积碳等污物，并使工件表面达到所要求清洁度的过程。再制造零部件的清洗主要包括拆解前的清洗和拆解后的清洗。前者主要是去除零部件外部沉积的大量油污、灰尘、泥沙等污物；后者主要是去除零部件上油污、锈蚀、水垢、积碳、油漆等污物。拆解前的清洗一般采用自来水或高压水冲洗，并用刮刀、刷子配合进行。拆解后的清洗主要用化学和物理的方法。再制造的清洗过程不同于维修前的清洗，维修前的清洗仅仅是对

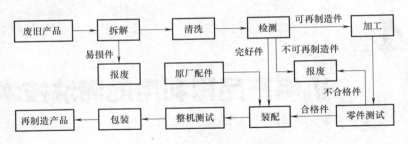

图 4-1　再制造生产工艺流程

要维修的部分进行局部清洗以便于维修，而再制造的清洗是对整个废旧产品零部件进行清洗，使得再制造零件满足新品的使用要求。所以，再制造过程中做好废旧产品的清洗工作是保证再制造质量的重要一环，清洗方法和清洗质量对鉴定零件的准确性、设备的修复质量、修理成本和使用寿命等都将产生重要影响。

4.3　清洗方式与技术

4.3.1　物理清洗

物理清洗（或机械清洗）是在污垢处施加物理作用（如热、搅拌摩擦、研磨、压力、超声波等）而使其脱落，从而达到清洗的效果。常用的方法有：高压水射流清洗技术、喷丸清洗技术、干冰清洗技术、超声波清洗技术、激光清洗技术、胶球清洗技术等。

物理清洗技术以污染小、操作灵活、无腐蚀等优点逐渐取代化学清洗成为工业清洗的主流，物理清洗技术的研究和应用受到广泛关注。物理清洗的设备正向小型化、多样化、集成化发展，应用领域越来越宽。目前国内的物理清洗领域，高压水射流清洗占主导地位，并呈加快发展态势；PIG 清洗正加速发展；超声波清洗正在快速推广应用。随着技术的进步，干冰清洗、超声波清洗等无污染的物理清洗技术将广泛应用于工业设备的清洗当中。干冰清洗是将二氧化碳气体制成柱状的干冰颗粒，然后将其置入清洗设备中，通过空压机加压，直接对清洗物进行高压喷射清洗。由于对环境无任何污染，绝缘性能好，所以干冰清洗被称作绿色技术。该技术非常适合重油污、厚灰尘的清洗。在推动工业清洗剂发展的过程中，技术优势将占据主要的地位。

常用的物理清洗技术有高压水射流清洗技术、超声波清洗技术、高温清洗技术、干冰清洗技术、激光清洗技术和喷砂清洗等。

1. 高压水射流清洗

（1）高压水射流清洗技术的原理及特点　高压水射流清洗原理是用高压泵打出高压水，并使其经管道到达喷嘴，把高压低流速的水转换为低压高流速的射流。然后射流以其很高的冲击动能，连续不断地作用在被清洗表面，从而使污物脱落，达到清洗目的。

高压水射流清洗属于物理清洗方法，与传统的水射流清洗、机械方式清洗、化学清洗相比，具有以下优点：

1）清洗质量好。具有巨大的能量且以超声速运动的高压水射流完全能够破坏坚硬结垢物和堵塞物，且对金属没有任何破坏作用。同时又由于高压水的压力小于金属或钢筋混凝土的抗压强度，故对管路没有任何破坏作用，能实现高质量清洗。通常情况下，选择适合的压力等级，不会损伤被清洗设备的基体。

2）清洗速度快。比传统的化学方法、喷砂抛丸方法、简单机械及手工方法清洗速度快几倍到几十倍。同时，采用高压水射流清洗后的部件无需进行二次洁净处理，而化学清洗后则需用清水将表面的化学药剂清洗掉。

3）无环境污染。以清水为介质的水射流，无臭、无味、无毒，喷出的射流雾化后，还可降低作业区的空气粉尘浓度。

4）适用范围广。高压水射流清洗能清洗形状和结构复杂的零部件，能在空间狭窄或环境恶劣的场合进行清洗作业，对设备、特性、形状及污垢种类均无特殊要求。

5）易于实现机械化、自动化、便于数字程控。

6）节省能源，清洗效率高，成本低。

设备在使用过程中产生油垢、水垢、结焦、高温聚合物、沉积物、腐蚀物等，显著地影响了设备运行效率和安全，清洗它们必不可免。与以往的手工清洗、化学清洗、超声波清洗相比，高压（超高）水射流清洗突现了其效率高、范围广、效果好的优势。在我国，高压水射流清洗技术已经在包括石油、化工、冶金、煤炭、交通、船舶、建筑、市政工程以及核能、军工等许多部门得到了应用。

（2）高压水射流清洗的应用对象

1）管道类。即上下水、排污、输油、煤气、排烟管道。

2）各类热交换器、冷却塔、冷凝器。

3）盛装气、水、油、溶液、浆体等流体介质的各种箱、柜、釜、罐、槽、舱等工业容器。

4）压力容器，包括储气缸、高压釜、合成塔等。

5）公路、铁路运输用的槽罐车，水运船舶的油料仓等。

6）船舶。在船舶维修工作中，采用高压水射流可剥除船体、船舱和螺旋桨上的生长物；可清除船体水面线上下的油污，剥除压载箱、底板及船舱上的附着物等。

7）钢材、铸件表面的除鳞、除锈、清砂。

8）各种大型工业设备表面，如轧钢机表面除油去污等。

9）各种大型建筑物、写字楼外表面。

10）混凝土构筑物，包括路面翻松（深度 6~25mm），路面污迹清除，机场跑道除胶以及混凝土清洗等。

高压水射流清洗技术作为一种清洗技术，也有一定的局限性，主要表现在对被清洗物体结构有一定的要求、对软质垢层的清洗效果不如硬质垢层清洗效果好。但随着高压水射流清洗技术的不断发展，其中存在的问题也将逐步得到解决。

2. 高温清洗

高温清洗主要针对工件上的油污以及有机涂层，通过将工件置于高炉中，使工件表面的油污和有机涂层蒸发或燃烧变成气体和灰。高温清洗技术主要有以下优点：

1）由于清洗完全由加热来完成，从而避免了溶剂的使用以及费力的手工清洗。

2）高温清洗机的使用改善了清洗工作的安全状况，并且免掉了溶剂或试剂的费用，废物的处理和费用问题也得到了解决。

3）清洗过程完全自动化，无需手工劳动，将要清洗的零件装入高温清洗机中，启动循环按钮后，设备就完全自动工作了。

4）由于手工处理量的大大降低，器皿的损坏也随之大大降低。

5）不用再将难以清洗的玻璃器皿丢弃，因为这些难以清洗的或者清洗费用太高的玻璃器皿可以用高温清洗机来清洗，并且费用很低。

6）完全绿色清洗，无有害气体排出，环保安全。

基本上任何零件如果在正常的清洗温度（480℃）不会受到损坏，都可以用高温清洗机来清洗。实验室用的玻璃仪器，尤其是那种耐热玻璃，很容易清洗而且不会产生变形。耐热的陶瓷或者金属零件也能用高温清洗机来清洗。另外，高温清洗后，零件表面还附着燃烧剩余的污物，工件还需要喷砂等清洗方法进行后处理。高温清洗的零件表面容易生锈，高温也会改变零件表面的硬度，因此高温清洗适用于对于表面硬度和强度没有要求的铸铁和铁质零件的清洗。

3. 超声波

（1）超声波清洗技术的原理   超声波清洗是利用超声波在液体中的空化作用、加速度作用及直进流作用对液体和污物直接、间接作用，使污物层被分散、乳化、剥离而达到清洗的目的（图4-2）。其中空化作用是指超声波以每秒两万次以上的压缩力和减压力交互性的高频变换方式向液体进行透射，在减压力作用时，液体中产生真空核群泡，在压缩力作用时，真空核群泡受压力破碎时产生强大的冲击力，由此剥离被清洗物表面的污垢，从而达到精密洗净的目的。直进流作用是指超声波在液体中沿声音的传播方向产生流动的现象，声波强度在 $0.5W/cm^2$ 时，肉眼能看到直进流垂直于振动面产生流动，流速约为 $10cm/s$，通过此直进流使被清洗物表面的微污垢被搅拌，污垢表面的清洗液也产生对流，溶解污垢的溶解液与新液混合，使溶解速度加快，对污垢的搬运起着很大的作用。

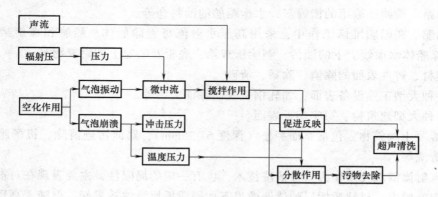

图 4-2   超声波清洗原理

（2）超声波清洗技术的特点

1）超声波清洗可大大提高清洗表面的洁净度。

2）清洗速度快、效率高。

3）可连续自动化操作。

4）可清洗外形复杂的器皿件。

5）可进行大批量小型件清洗（如不锈钢填料环）。

（3）超声清洗的优越性

1）高精度。由于超声波的能量能够穿透细微的缝隙和小孔，故可以应用于任何零部件或装配件清洗。被清洗件为精密部件或装配件时，超声清洗往往成为能满足其特殊技术要求的唯一的清洗方式。

2）速度快。超声清洗相对常规清洗方法在工件除尘除垢方面要快得多。装配件无须拆解即可清洗。超声清洗可节省劳动力的优点使其成为最经济的清洗方式。

3）一致性好。无论被清洗件是大是小，简单还是复杂，单件还是批量或是否在自动流水线上，使用超声清洗都可以获得手工清洗无可比拟的均一的清洁度。

超声波清洗技术清洗速度快、效率高，对带有深孔、细缝等形状和结构复杂的工件尤为适合，可有效去除油脂、氧化皮、积碳、锈蚀产物及制件表面的各种污物，对钢铁制件一般可用 $22 \sim 23 kHz$ 的超声波清洗，使制件表面的腐蚀产物疏松、脱落、剥离。

（4）超声波清洗技术的应用　超声波清洗广泛应用于表面涂装处理行业、机械行业、电子行业、医疗行业、半导体行业、钟表首饰行业、光学行业、纺织印染行业，具体如下：

1）表面涂装处理行业。清洗的附着物：油、机械切屑、磨料、尘埃、抛光蜡。如电镀前的清除积碳、氧化皮、抛光膏，除油除锈，磷化处理，金属工件表面活化处理，不锈钢抛光制品、餐具、刀具、锁具、灯饰、首饰的涂装前处理。

2）机械行业。清洗的附着物：切削油、磨粒、铁屑、尘埃、指纹。如防锈油脂的去除，量具的清洗，发动机、变速箱、减振器、轴瓦、油嘴、缸体、阀体、化油器及汽车零件及底盘涂装前除油、除锈，磷化前的清洗，过滤器、活塞配件、滤网的疏通清洗，精密机械部件、压缩机零件、照相机零件、轴承、五金零件、模具的清洗。

3）医疗行业。清洗的附着物：血液、明胶、尘埃、指纹、血渍、蛋白。如注射器、手术器械、滴管、研究实验用具、玻璃容器、牙科用具、食道镜、气管支镜、直肠镜、显微镜的消毒、杀菌、清洗等。

4）半导体行业。清洗的附着物：油污、氧化层、尘埃、指纹、涂料。如半导体晶片的高清洁度清洗。

5）钟表首饰行业。清洗的附着物：油漆、凡立水、油脂、染料、塑胶残留物、尘埃、指纹。如贵金属、装饰品、表带、表壳、表针、数字盘的清洗等。

6）光学行业。清洗的附着物：油漆、凡立水、油脂、染料、塑胶残留物、尘埃、指纹。如玻璃镜片、反射镜、物镜、透镜等的清洗。

4．干冰清洗

用干冰清洗技术可以将工程机械零部件上对温度敏感的污染物（如积碳）在短时间内去除。其清洗机理是利用干冰超低温、绝缘、易升华等特性，使干冰颗粒以压缩空气为载体作用于污物表面，使处理物表面的污垢在极短的时间内冷冻到脆化及爆裂，形成一种微型"爆炸"，从而把污物带离物体表面。干冰清洗对于橡胶、聚氨酯及聚乙烯等残留物的去除效果特别好，不仅清洗效率高，同时也避免了化学清洗所带来的二次污染问题。

干冰清洗技术具有以下优点：

1）使用广泛。可迅速清洗油污、油漆、油墨、粘结剂、积碳、沥青、水垢、锈垢、模具脱模层、聚氯乙烯树脂等，对细小孔、凹凸不平表面及边角等均可非接触清理。

2）经济高效。清洗快速、效果佳，提高了生产效率和产品质量。可直接在线清洗，无须停工，提高产能。不损伤被清洗物表面，延长被清洗物的使用寿命。在线清洗还避免了拆装清洗对象过程中的意外损伤。无残留，避免了其他清洗工艺导致的环境污染及处理污染的费用。

3）安全环保。二氧化碳无毒，符合安全环保要求。清洗过程无二次污染，符合我国清洁生产的有关法律法规。替代有毒化学物质清洗，从根本上避免对人体的侵害。操作安全性高，在食品、医药工业具有低温灭菌的功效。

4）作业简便。使用现场压缩空气，方便实用，操作简易。

5. 激光清洗

激光清洗是一种较新的清洗方法，它是指采用高能激光束照射工件表面，使表面的污物、锈斑或涂层发生瞬间蒸发或剥离，从而达到洁净化的工艺过程（图4-3）。激光清洗具有简单方便、无二次污染、适用范围广等优点，尤其在除锈、除漆、除泥污等方面有较高优越性。

激光束处理使表面上要被去除的物质吸收能量，形成急剧膨胀的等高度电离的不稳定气体，对表面产生冲击波使要被去除的物质碎裂或雾化进而被去除。激光束的脉冲宽度足够短，避免了加工表面上的热累积，因此不是燃烧过程，它是基于激光与物质相互作用效应的一项新技术，与传统的机械清洗法、化学清洗法和超声波清洗法不同，它不需要任何破坏臭氧层的有机溶剂，无污染，无噪声，对人体和环境无害，是一种绿色高效的清洗技术。

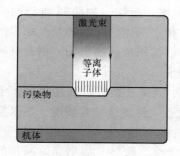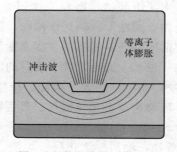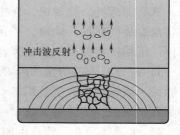

图4-3　激光清洗工作原理

激光清洗的应用有：去除金属表面残留物、污染物、浮锈、油或脱模剂。例如模具、工具、工件等有控制地去除薄层、去除树脂或纤维、去除氧化物或顶层。金属材料加工全部（直到裸板）或选择性（只到底漆）地去除漆层、涂层，且去除后金属表面无机械清洗造成的微小划痕。图4-4所示为激光清洗机。

6. 喷砂清洗

喷砂清洗是指利用设备将磨料（金属磨料和非金属磨料）借助压缩空气动力，喷射到工件表面，用磨料的冲击力和摩擦力把表面的杂质、杂色及氧化层清除掉，同时使介质表面粗化，有消除基材表面残余应力和提高基材表面硬度的作用。

喷砂清洗的缺点是：除锈成本较高，劳动强度大，对

图4-4　激光清洗机

操作者危害大，需要专业的劳动保护。还会使被清洗的机械设备磨损加剧，且严重污染作业环境。因此，有些发达国家如美国、德国等都禁用喷砂清洗。

4.3.2 化学清洗

化学清洗是利用化学药剂对污垢的溶解作用而将其去除的，其本质是化学清洗剂和与之相接触的污垢表面反应，同时清洗剂向污垢内部渗透，减小污垢自身各颗粒间的结合力及污垢与基体设备间的结合力，使污垢溶解或使污垢松散脱落而除去的过程。化学清洗的操作，其目的是去除污垢、提高质量以及获得良好的加工性能。化学清洗技术的发展是与清洗剂的进步密切相关的。最近提出绿色化学清洗即绿色化学和化学清洗结合的概念，即在减少或消除有害物的使用且避免有害物质产生的条件下，尽可能使用最少的化学药剂，去除物体表面污垢，使其恢复原表面状态的过程。

随着精细有机合成、生物和检测等相关技术的进步，化学清洗剂正向分子设计方向发展，大力推广合成具有生物降解能力和酶催化作用的绿色环保型化学清洗剂。弱酸性或中型的有机化合物将取代强酸强碱，直链型有机化合物和植物提取物将取代芳香基化合物，无磷、无氟清洗剂将取代含磷含氟清洗剂，水基清洗剂将取代溶剂型和乳液型清洗剂，可生物降解的环保型清洗剂将取代难分解的污染型清洗剂。在清洗助剂方面更注重催化剂、促进剂、剥离剂的作用，并使其无毒化、低剂量化。缓蚀剂则需要开发特种条件下专用的高效缓蚀剂。化学清洗技术发展到今天，虽然已经取得了很大的进步，但仍有一些问题需要解决。需要开发出性能更好的清洗剂，其中包括腐蚀性小、操作简便安全、成本低以及更高效的缓蚀剂等。

微生物清洗也属于化学清洗的一部分，其是利用微生物将设备表面附着的油污分解，使之转化为无毒无害的水溶性物质的方法。这种清洗技术把污染物（如油类）和有机物彻底分解，是一种真正意义上的环保型清洗技术。微生物清洗主要是利用微生物体内的八大微生物催化剂，其中主要四类为蛋白酶、淀粉酶、脂肪酶和纤维酶。酶是微生物清洗催化剂，酶的催化反应比非酶催化剂的反应速度一般要高 $106 \sim 1012$ 倍。其用量少、操作容易、省人、省力、费用不高，效果很好，完全可以保证自然环境和人类身体健康。一般水垢、锈垢、油垢、泥垢和其他残渣，都可加入微生物清洗剂清洗。该项技术在美国、德国、意大利、日本的应用实例很多，我国刚刚起步。

4.3.3 清洗新技术

研究开发无污染的清洗技术，包括开发新型化学清洗技术，实现清洗过程的高效、低成本与低污染，实现过程的免洗、免拆或在线清洗等都是未来清洗技术的发展方向。研究开发无污染的清洗技术，包括开发新型化学清洗技术，实现清洗过程的高效、低成本与低污染；实现过程的免洗、免拆或在线清洗等都是未来清洗技术的发展方向。为了进一步提高清洗效果，必须引入新的科学原理和方法，在此基础上开发出高效率、低污染的清洗技术和设备。目前正在发展的新型清洗技术如下。

1. 水基清洗技术

水基清洗技术常应用于去除极性污染物的场合，其清洗效果主要来自于增洁剂和表面活性剂两个部分。表面活性剂作为在零件表面上的活性成分，只会在污垢和零件材料之间生效，从而去除污垢并使污垢分散到清洗介质中。增洁剂是一种无机盐，会增加水的 pH 值，易于去除固体颗粒，以合成的方式增强表面活性剂的清洗效果。

2. 酶清洗技术

酶清洗除油污是一个化学反应过程，溶液中的酶将油污永久性地分解成溶于水的脂肪酸和长链的醇，传统的清洗剂是将油污暂时性地乳化为小油滴。与传统清洗剂相比，酶洗剂无毒，清洗产生的废水无需滤油装置，废水经简单处理就能够达到排放标准。酶清洗反应有一个最佳温度，温度过低，清洗反应缓慢，温度过高会导致酶分解。当溶液达到饱和时，清洗反应达到极限，反应不再进行。酶清洗速度较慢，通常采用浸泡方式，通过搅拌使酶与零件表面的油污直接接触提高反应速率，也能使氧化过程充分进行。酶洗剂也可用作超声清洗剂，但超声清洗是一个除气过程，而酶清洗最好在富氧环境中进行，超声去除气体阻碍了酶分解油脂的过程，降低了酶的活性。酶清洗剂对环境无污染，对人体健康无损害，酸碱性接近中性，不溶解、不易挥发、无毒、不可燃，清洗废水也没有毒性，从环保角度来看，酶清洗剂比矿物精油以及酸、碱性清洗剂更符合环保要求。目前，酶清洗方式主要应用于生物、医药领域，在一些修理厂和废水处理厂也有应用，但在机械工业领域还未实现商业化。

3. 超临界二氧化碳清洗技术

超临界二氧化碳清洗是利用超临界二氧化碳的一些独特的物化性质实现污染物的去除。超临界二氧化碳作为一种绿色环保的新型清洗剂，兼具气体的低粘度、低表面张力和液体的大密度、强渗透性、强传质能力等优点，并且以其超临界状态易于达到以及原料易于获取等众多优势成为新清洗技术介质的首选。超临界二氧化碳清洗技术作为再制造清洗领域的一种新的清洗技术，有着现有清洗技术不具有的众多优势，例如无污染、无碳排放、可回收利用等，加之超临界流体技术在萃取、材料制备、化学反应、环境保护和精密清洗等众多领域的广泛应用，以及机械加工水平的提高，超临界二氧化碳清洗技术在再制造领域实现工业化应用是一种必然趋势。

4. 饱和蒸汽清洗技术

饱和蒸汽清洗是利用饱和蒸汽的高温及外加高压对零件表面的油膜、油渍污垢进行清洗。此清洗技术是世界清洗行业的一次革命，它充分利用了饱和蒸汽在高温高压的条件下可以溶解任何顽固油垢并使之汽化蒸发的特性，同时也可以切入任何细小的裂缝和空洞，剥离或去除油渍和残留物，达到高效、节水、环保、超净、干燥的要求，在世界清洗行业独树一帜。

4.3.4 各种清洗技术的对比分析

各种清洗技术对比见表 4-1。

表 4-1 各种清洗技术对比

清洗方法	优　点	缺　点
手工工具清洗	简便	劳动强度大,效率低,质量差
风动电动工具清洗	去污面积大、效率高	只适用于表面较平整的清洗对象
喷砂清洗	去污面积大、效率高、强度小,有利于表面强化,粗糙度加大提高涂镀层的附着力	对软质垢层的清洗效果不如硬质垢层清洗效果好

（续）

清洗方法	优　点	缺　点
高压水射流清洗	清洗效果好、速度快，能清洗形状和结构复杂的工件，能在狭窄空间内进行作业，节能、节水、污染小、反冲力小	清洗液在工件表面停留时间短，清洗能力不能完全发生作用，对软质垢层的清洗效果不如硬质垢层清洗效果好
干冰清洗	清洗介质干冰易获得，清洗速度快、成本低、无污染、经济环保，干式清洗避免了水洗造成的零件生锈	不适用于对温度敏感的零件
超声波清洗	清洗效果彻底，剩余残留物很少，对被清洗件表面无损伤，不受清洗件表面形状限制，清洗速度快，清洗成本较低，对环境污染小，易于自动控制	设备造价昂贵，对质地较软、声吸收强的材料清洗效果差，被清洗工件需处于声波振动中心
激光清洗	无机械接触，能量通过光传送，不损害零件，定位准确，可清洗形状不规则的表面，可实时控制和反馈，效率高，能有效去除微米级及更小尺寸的污物	激光器成本较高
化学清洗	清洗速度快，效率高，清洗剂可选择种类多，操作简便	化学清洗剂会造成环境污染，对被清洗零件表面会造成一定损伤，对人体有害

4.4　清洗设备的选型

清洗设备的选型。首先应确定清洗方法，使之满足选定的清洗工艺流程及对工件清洁度的要求。下面以高压水射流清洗设备为例说明，具体如下。

1）能满足清洗工艺流程及清洁度的要求。

2）清洗室有效清洗容积要符合清洗对象最大结构尺寸的要求。

3）清洗室承重装置需满足清洗对象单件最大重量，并能承受清洗时的冲击载荷。

4）应根据清洗对象表面积污物的种类及附着力，来核算清洗泵的清洗能量、流量和压力匹配能否满足清除工件表面污物所需的能量要求，能否满足清洗室功率密度及流量密度的要求。

5）喷嘴射流型线及喷嘴布局需合理，直接喷射覆盖率不能低于95%。

6）在满足清洗质量的前提下，有效清洗时间可根据生产量来确定，若要缩短清洗时间，就需增大清洗功率。

7）单位生产量的能耗，是评价清洗设备先进性的重要指标。如喷嘴布局、喷嘴通流截面与泵流量的匹配，各方位的能量分配，抽吸倍数的合理选择、工件的移动方式及速度、水箱的保温性能等，这些如选择不当，均会造成很大的能量损失。据国外资料介绍，清洗能量的利用率仅为输出能量的25%。在清洗中，有效利用清洗能量仍为一个重要课题。

8）结构应先进合理。在满足清洗要求和便于维修的前提下，应尽量提高容积利用系数和面积利用系数。

9）设备的各个系统应安全可靠，结实耐用，努力降低设备的维修率。同时，便于清洗人员的操作。

10）粗洗液水箱必须设置过滤及清污装置，以防止清洗喷嘴堵塞和便于污物清除。精洗或漂洗系统必须设置清洗液净化装置，以保证工件达到清洁度要求。另外，需在喷淋中设置丝堵，以便定期清理管中积存的污物，同时，喷嘴应为可拆装的独立喷嘴，这样便于更换和清污。

4.4.1 清洗参数的选择与计算

1. 高压水射流清洗作业中喷嘴的设计原理和选型依据

高压水射流清洗系统由主机泵、调压装置、软管与硬管、喷嘴及控制装置等部件组成。高压水射流成套设备应该以喷嘴为中心，因为喷嘴作为形成高压水射流的直接工况，它的作用效果会直接影响到系统的每个部件。选用与高压水射流清洗系统相匹配的喷嘴，可以减少水射流能量的损失，提高清洗的效率。

(1) 喷嘴的理论基础 泵的流量是固定的，泵排出的水一部分经过溢流阀回到水箱，一部分经过管线进入喷嘴形成高压水射流，为了达到去除污垢的目的，必须使经过喷嘴小孔的流体具备一定的速度，这就要求泵必须具备一定的输出功率。当泵的压力和流量等参数确定以后，与之相匹配的喷嘴孔径就能确定下来。

$$d = 0.69 \sqrt{\dfrac{q}{\mu\sqrt{p}}}$$

式中，d 为喷嘴小孔出口截面直径，单位为 mm；q 为泵的流量，单位为 L/min；μ 为流体的流量系数；p 为泵的额定压力，单位为 MPa。

以上讨论的只是单孔喷嘴的孔径计算，实际应用中以多孔喷嘴为主，在这种情况下，多孔喷嘴的孔径计算应以单孔喷嘴的孔径为当量直径，如果设 d 为单孔喷嘴的孔径，d' 为多孔喷嘴的孔径，则它们之间的关系为

$$\pi d^2 = n\pi d'^2$$

式中，n 为孔的个数。

(2) 喷嘴的型式 喷嘴按工作孔数分为单孔喷嘴和多孔喷嘴；按射流形状分为实心锥形喷嘴、空心锥形喷嘴、扇形喷嘴；按工作状态分为固定喷嘴、二维旋转喷嘴、三维旋转喷嘴。图 4-5 所示为几种典型的内表面清洗喷嘴。

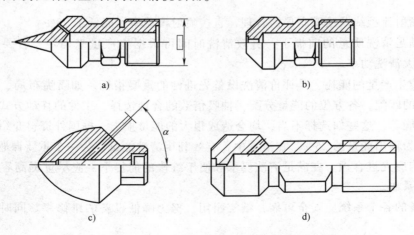

a)

b)

c)

d)

图 4-5　几种典型的内表面清洗喷嘴

a) 多孔向前喷嘴　b) 单孔向前喷嘴　c) 大流量喷嘴　d) 一孔向前多孔向后喷嘴

图 4-5a 所示喷嘴用在管垢比较难清洗、需要多次清洗的情况下，通过人工控制硬管连续冲洗。图 4-5b 所示喷嘴只有一个孔，水射流的能量集中，能够增强打击力，用于清洗管程短的管道。图 4-5c 所示喷嘴的特点是压力低（30MPa）、流量大。图 4-5d 所示喷嘴用于疏通被堵塞的管道，向后喷孔产生反作用力，利用水射流的反冲力，使喷嘴不需要人工向前推送，就可以和软管沿着管道前进。

（3）**喷嘴型式对性能的影响**　喷嘴型式很多，出于性能和加工工艺的要求，在清洗工程中应用的大多是圆锥收敛型喷嘴，如图 4-6 所示。

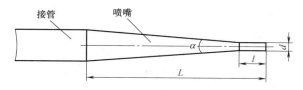

图 4-6　圆锥收敛性喷嘴的几何参数

图 4-7、图 4-8、表 4-2 给出了 5 种圆锥收敛型喷嘴的型式和实验结果，图 4-8 中的横坐标为靶距（射流的有效打击长度，单位为 mm），纵坐标为打击力与射流出口的压力之比（P 为所测得的打击力，P_d 为射流出口压力）。

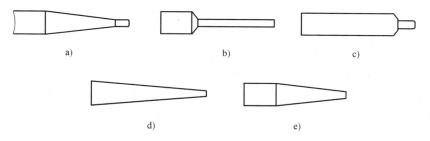

图 4-7　喷嘴型式

a）A 型　b）B 型　c）C 型　d）D 型　e）E 型

表 4-2　各种型式喷嘴的 α 与 l/d 取值

编号	$\alpha/(°)$	l/d
A	13	2.2
B	118	10.0
C	30	1.0
D	6	0
E	13	0

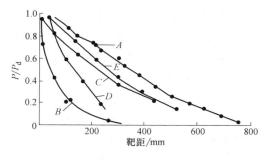

图 4-8　喷嘴型式对出口压力的影响

通过对喷嘴的理论分析和实验表明：喷嘴的孔数越少，打击力越大；喷嘴的孔数越多，打击力越小，但清洗面积比较大。所以，在选用喷嘴的时候，应该根据现场的清洗工况来确定喷嘴的类型。一般情况下，对于结垢严重的管道，宜选用单孔喷嘴，对于比较软的结垢则用孔数多的喷嘴，可以提高清洗效率，一孔向前多孔向后的喷嘴可以利用射流的反冲力使喷嘴自进，减轻工人的劳动强度。在选购喷嘴时，应该考虑到喷嘴形式对清洗性能的影响，一般来说，$\alpha = 13°$，l/d 为 2~4 的喷嘴参数最佳。

2. 超声波清洗机原理及设备选型

（1）**超声波清洗机原理** 超声波清洗机主要由超声波清洗槽和超声波发生器两部分构成。超声波清洗槽由弹性好、耐腐蚀的优质不锈钢制成，底部安装有超声波换能器振子。超声波发生器产生高频高压，通过电缆连接线传导给换能器，换能器与振动板一起产生高频共振，从而使清洗槽中的溶剂受超声波作用对污垢进行清洗。

（2）**超声波清洗机设备选型**

1）功率的选择。超声清洗效果不一定与功率和清洗时间的乘积成正比，有时用小功率清洗很长时间也不能清除污垢。而如果功率达到一定数值，有时很快便将污垢去除。若选择功率太大，空化强度将大大增加，清洗效果是提高了，但这将使较精密的零件产生蚀点，得不偿失。而且若清洗缸底部振动板处空化严重，在采用三氯乙烯等有机溶剂时，基本上没有问题，但采用水或水溶性清洗液时，易于增大水点腐蚀。如果振动板表面已有伤痕，强功率下水底产生空化腐蚀会更严重，因此要按实际使用情况选择超声功率。

2）频率的选择。超声清洗频率一般在 10~100kHz 之间，使用水或水清洗剂时由空穴作用引起的物理清洗力显然对低频有利，一般使用 15~30kHz 的频率。对小间隙、狭缝、深孔的零件清洗，用高频（一般 40kHz 以上）较好，甚至 100kHz 以上。对钟表零件清洗时，用 400kHz，若用宽带调频清洗，效果更好。

3）清洗笼的使用。在清洗小零件时，常使用网笼，由于网眼会引起超声衰减，应特别注意。当频率为 28kHz 时建议使用 10mm 以上的网眼。

4）清洗液量的多少和清洗零件的位置。一般清洗液液面高于振动表面 100mm 以上为宜。例如 300W、24kHz 液面约高 120mm；600W、24kHz 液面约高 150mm。由于单频清洗机受驻波场的影响，波节处振幅很小，波幅处振幅大，从而造成清洗不均匀。因此最佳清洗物品位置应放在波幅处。

（3）**超声波清洗机的主要参数**

1）频率。大于等于 20kHz，可以分为低频、中频、高频三段。

2）清洗介质。采用超声波清洗，一般有两类清洗剂：化学溶剂、水基清洗剂。清洗介质的化学作用可以加速超声波清洗效果，超声波清洗是物理作用，两种相结合，可以对物件进行充分、彻底的清洗。

3）功率密度。功率密度＝发射功率（W）/发射面积（cm^2），通常功率密度大小等于 0.3W/cm^2。超声波的功率密度越高，空化效果越强，速度越快，清洗效果越好。但对于精密的、表面质量较高的物件，采用长时间的高功率密度清洗会对物件表面产生空化腐蚀。

4）超声波频率。超声波频率越低，在液体中产生空化越容易，产生的力度越大，作用也越强，适用于工件（粗、脏）初洗。频率越高则超声波方向性越强，适用于精细的物件清洗。

5）清洗温度。一般来说，超声波在 30~40℃时的空化效果最好。温度越高，清洗剂作用越显著。通常实际应用超声波时，采用 50~70℃的工作温度。

（4）常见超声波清洗机见表 4-3。

表 4-3 常见超声波清洗机

机 型	机 型
KQ-700DV 台式数控超声波清洗机	TH-100B 台式数控超声波清洗机
KQ-600DV 台式数控超声波清洗机	TH-200 台式超声波清洗机
KQ-500V 台式超声波清洗机	TH-300BQ 台式超声波清洗机
KQ-500DV 台式数控超声波清洗机	TH-400BQG 高功率超声波清洗机
SK-12E 大功率落地式超声波清洗机	TH-500BQH 恒温数控超声波清洗机
KQ-700DE 台式数控超声波清洗机	TH-600BQE 数控双频超声波清洗机
KQ-700DB 台式数控超声波清洗机	TH-800V 型超声波移液管清洗机
KQ-700DA 台式数控超声波清洗机	TH-800BY 医用超声波清洗机
KQ-300V 台式超声波清洗机	THL-Ⅱ 型超声波滤芯清洗机
KQ-600DB 台式数控超声波清洗机	THL-I 型超声波钛棒清洗机

4.5 清洗设备设计

设计清洗设备首先要根据被清洗零件的具体特点和污垢类型选择与之相适应的清洗方式。然后对清洗设备的传输系统、清洗系统和辅助系统进行设计和部件选配。对于拆解回收和再制造企业而言，清洗设备可以委托专业厂家进行设计和生产，也可以自行设计并委托专业厂家进行生产。本节选取若干典型清洗设备和清洗生产线的设计为例来说明具体的实施过程。

（1）钻杆螺纹复合清洗装备设计 钻杆是钻探机械的重要组成部分，同时也是最容易损坏的石油钻探设备。在钻井过程中，钻杆在任何部位失效都会造成严重的后果，甚至整口井报废。统计表明，钻杆螺纹段因螺纹出现裂纹而导致钻杆失效占总失效原因的比例近50%。由钻杆的螺纹结构可以知道，螺纹区曲面交贯曲线较多，又加之螺纹本身表面不平整，检测区域小，这些特点都增加了螺纹检测的难度。而且钻杆在长期服役情况下会出现结垢现象。这些结垢主要是由于钻杆在使用过程中，作业流体和产出液流等在与钻杆表面接触时，发生相互作用逐步形成了薄厚不一的碳酸盐、硫酸盐、硅酸盐垢，以及盐垢、蜡和沥青质等烃类聚合物垢层，严重影响了检测设备对钻杆螺纹的检测，也为钻杆的后续维护工作带来了麻烦。因此在钻杆螺纹检测前，对那些结垢严重的钻杆螺纹进行清洗，可以提高钻杆质量，改善钻杆工作条件，合理使用钻杆，延长钻杆使用寿命，同时对地质钻探施工具有重要意义。

目前国内钻杆在回厂修复和无损探伤前很少使用专业清洗设备对钻杆螺纹进行清洗，多采用清洗剂煮沸工艺，这种清洗方法对于清洗油蜡效果明显，但对于钻杆内壁的结垢物无法清洗干净，而且高温下清洗液的挥发，使作业现场浓雾弥漫，严重影响工人的身体健康。如果采用机械刷洗和高温高压油射流清洗的复合清洗方法，将改善现有问题。

（2）机械刷洗式钻杆螺纹清洗装置的设计 机械刷洗就是通过机械产生清洗刷与被清洗物之间的相对运动，从而对需要清洁的物体进行接触式物理清洗。对钻杆螺纹进行机械刷洗，首先需要确定的就是被清洗物的运动形式。通常被清洗钻杆长度约为 12m 左右，直径为 80~200mm，而清洗目标只是其两端的螺纹部分。虽然整个钻杆呈圆柱形，但是由于长度过大，转动惯量较大，使得产生绕其轴线的旋转运动难度很大，耗能较多。并且在实际生产中，大量的钻杆堆积在一起，如果要将每根钻杆单独取出进行旋转是不切实际的。因此，作为被清洗物的钻杆应该是相对于地面静止不动的，通过高速转动清洗刷来完成清洗工作。

可以确定机械刷洗只需要两个动作就可以完成。首先需要将清洗刷抱紧在钻杆螺纹上，然后让清洗刷沿着钻杆螺纹的轴线以一定的速度做转动，经过一定时间的清洗，就可以刷除钻杆螺纹上的大部分泥垢和锈垢。由于螺纹的特殊结构，可以确定的是清洗刷的转动轴线必须要和钻杆的螺纹轴线重合，又由于清洗刷在使用过程中会不断磨损，为此，清洗刷应能在一定径向范围内做抱紧调节。

图 4-9 所示为机械刷洗方案示意图，从图中可以看到，沿钻杆螺纹周向等间隔布置了三个清洗刷，清洗刷浮动在外壳骨架内，并且可以产生径向的位移，保证在刷洗过程中清洗刷能对钻杆螺纹施加一定的抱紧力。而且如果在使用过程中清洗刷磨损变小，也可以做一定的补偿，保证刷洗设备的正常工作。

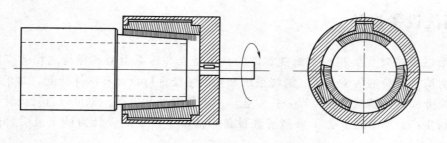

图 4-9　机械刷洗方案图

（3）高温高压油射流钻杆螺纹清洗装置的设计　如图 4-10 所示，高温高压油射流清洗系统由高温高压油射流发生系统（图 4-10 中 *B* 框图部分）和钻杆螺纹清洗自动化系统（图 4-10 中 *A* 框图部分）两部分组成。通过这两部分的合理配合来实现钻杆螺纹清洗的目的。

高温高压油射流发生系统由清洗油过滤装置、贮油油箱、清洗油液加热装置、高压柱塞

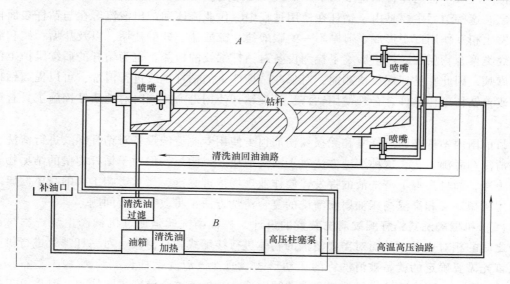

图 4-10　高温高压油射流清洗系统方案图

泵、喷头以及连接上述各部分的管路组成。

清洗油加热装置用于保证喷嘴喷射出的清洗油液可以达到设计的高温，从而提高射流清洗的效果。清洗油加热装置应该具有较高的功率，以能够对清洗油液进行充分加热，否则将会出现喷嘴喷出的油液温度无法达到预计温度的情况，因此加热功率的高低是该装置设计的关键。

高压柱塞泵用于将一定流量的高温油加压到一定的设计压力，因此衡量高压柱塞泵性能的主要指标就是该泵的出口压力和流量。由于柱塞泵的压力和流量基本决定了射流清洗的效果，因此应该在充分分析压力和流量对清洗效果影响大小的基础上，选择满足要求的高压柱塞泵。

喷头是将高压柱塞泵产生的压力油转化为射流的核心设备，转化效率的高低也决定了高压能量利用率的高低。曾有人指出喷头配套水平的高低反映了射流技术的发展水平，由此可以看出喷头的选型设计的重要性。

钻杆螺纹清洗机械自动化系统的主要功能就是带动喷嘴沿一定的路径进行自动扫描，并保证射流清洗可以覆盖整个需要清洗的螺纹面，尽量不漏洗，也不过分清洗而浪费能量。由于射流的靶距和射流倾角对射流打击力的大小有较大影响，因此该部分机械自动化系统的设计应该能够保证合适的射流倾角，以及合理的喷嘴到螺纹表面之间的靶距。由于单喷嘴射流清洗覆盖面积有限，因此为了保证射流能够不漏洗整个螺纹表面，清洗自动化系统应该能够带着喷嘴实现全螺纹面覆盖的扫描移动，也就是需要喷嘴能够走出一个螺纹线出来。

钻杆螺纹为具有一定锥度的粗牙螺纹，其螺纹线的形成需要三个运动，其中一个轴向移动和一个周向转动合成，形成螺纹线，而另外一个径向移动保证合成的螺纹线具有一定的锥度。如果要使喷嘴扫描出一个具有一定锥度的螺纹线来，那么喷嘴就需要具有上述三个运动，而高压泵站必须是相对固定的，也就是要将高压油液从一个固定的泵站输送到具有两个移动和一个转动运动的喷嘴。对于在两个相对移动构件之间传递高压油液，可以利用高压软管来实现，对于在两个具有相对转动的构件之间传递高压油液，可以使用旋转接头，旋转接头就是为在两个具有相对转动构件之间传递高压油液设计的。不同设计的旋转接头可以传递不同压力的油液，有些旋转接头可以传递高达70MPa的高压油液。

第**5**章

机电产品再制造技术

5.1 概述

对用户而言，产品主要是用来满足某种功能要求，其内部的零部件结构和相互关系并不是用户所关心的。但是产品丧失功能而退役后，如果能够恢复其功能或提升其功能是用户所希望的。

对于零部件失效引起的功能丧失情形，可以通过修复技术进行处理，但是当修复成本过高或者难以修复时，就需要通过替换零件的方式来实现功能的恢复。对于功能参数本身无法满足需求的情形，则可以通过替换升级功能模块的方式来实现。总之，对于废旧机电产品的功能恢复而言，并不是要将其恢复到出厂时的原始状态，而是要恢复或提升其使用功能。

5.2 机电产品的失效形式

失效的分类比较复杂，按失效性质来分，可分为：①变形失效；②断裂失效；③腐蚀失效；④磨损失效四种类型。

在机电产品中所使用的材料，有金属材料和非金属材料，其中金属材料使用居多，尤其是钢铁材料使用更为普遍。因此，以下所用的失效分析案例，均以钢铁材料来说明。

5.2.1 变形失效

构件在外力作用下发生变形，若外力去除后恢复原状，即为弹性变形。当去除外力时，构件仍不能恢复到原来的状态，这时一部分弹性变形已转变为塑性变形，即变形失效。若是弹性变形量过量地转化为塑性变形，虽然表面未发现任何损伤的痕迹，但弹性性能已达不到原设计的要求，称为弹性失效。

5.2.2 断裂失效

1）塑性断裂失效。当构件所承受的实际应力大于材料的屈服强度时，将产生塑性变形。若应力进一步增加，就可能发生断裂。这种失效的形式称为塑性断裂失效。塑性断裂失效的特点是断裂之前有一定程度的塑性变形，所以一般也是非灾难性的。

蠕变断裂也属于塑性断裂的一部分。但其断裂机理与室温下的塑性断裂机理不同，蠕变断裂是在高温和载荷下，随着载荷作用时间的增长而逐渐发生变形，最后导致断裂。塑性断裂通常是指室温下的断裂。

塑性断裂的主要特征是：在裂纹或断口附近有宏观塑性变形，或者在塑性变形处有裂纹出现。用电镜观察断口时，到处可见韧窝断裂的形貌，在观察断口附近的金相组织时，可见到有明显的塑性变形层的组织。

2）脆性断裂失效。断裂前若无明显的塑性变形量则称为脆性断裂。脆性断裂包括有：单次加裁断裂、多次加裁断裂和环境敏感断裂。脆性断裂是突发性的，若没有给以适当的防范就可能导致灾难性后果。

3）疲劳断裂失效。在失效分析中，疲劳断裂是最常见和最重要的失效形式之一。在断裂失效中，疲劳断裂失效占 50%~90%，它是在交变载荷作用下所发生的失效。引起疲劳断裂的交变载荷的最大值，一般小于材料的屈服强度，因此疲劳断裂件无明显的塑性变形。疲劳断裂的过程，包括裂纹的产生、扩展和最终瞬时断裂三个阶段，疲劳断裂总要经历一个时期，亦即有一定的交变载荷循环次数。疲劳断裂的特征，一般表现为：①必须有交变载荷存在，否则就不会发生疲劳断裂。②对于高周疲劳，交变载荷的最大值低于材料的屈服强度，并无明显的宏观残余变形。③疲劳断裂有裂纹产生、扩展和最后瞬断的过程，这个过程有时甚至很长。④在疲劳断裂的宏观断口上，可明显观察到海滩状疲劳条纹。⑤用电镜对疲劳断口观察时，在疲劳扩展区可看到疲劳特征的裂纹。⑥在受高温或介质影响时，交变载荷下将承受交互作用发生疲劳，在介质下就可能发生腐蚀疲劳，高温下就可能发生蠕变疲劳。

5.2.3 腐蚀失效

金属的腐蚀失效是指金属与周围介质之间发生化学或电化学作用而造成的破坏。在腐蚀失效中，应力腐蚀、氢脆和腐蚀疲劳等具有突发性失效特点。而点腐蚀、缝隙腐蚀属于局部腐蚀，大部分均匀腐蚀失效都不是突发性的，其金属的颜色、尺寸及形貌均逐渐发生变化，所以这种失效往往不能引起人们足够的重视。

5.2.4 磨损失效

磨损包括一系列复杂的物理过程，有时还包含化学过程，磨损形式有如下几种：①粘着磨损；②磨料磨损；③接触疲劳磨损；④腐蚀磨损。

磨损的特征是表面损伤，判断零件是否属于磨损失效，首先应确定失效件是否具有受到磨损的工作条件，其次根据其表面的形貌和色泽，判断表面损伤是否属于磨损及判定磨损的类型。若表面上看到划痕和深沟，则可判断为磨粒磨损，若除划痕外，又出现腐蚀痕迹，则可以认为是腐蚀磨损，表面上若有金属转移现象则可认为是粘着磨损。

5.3 零件的表面工程修复技术

机械设备经长期使用出现功耗增大、振动加剧、严重泄漏等问题，这些现象的发生都是零件磨损、腐蚀、变形、甚至出现裂纹造成的。零部件修复技术是以废旧机械零部件作为对象，恢复废旧零部件失效部位的原始尺寸、恢复甚至提升其服役性能的技术手段的统称，可节省成本 50%，节约能源 60%，节约材料 70%，顺应可持续发展要求，具有广阔的产业前景。

表面工程是零部件修复的关键技术之一，表面工程技术主要功用是修复损伤零件的尺寸精度，提高设备的抗腐蚀性能，改善零件的摩擦学性能，实施损伤快速抢修，制备特殊功能涂层，提高零件抗疲劳性能等。零部件的修复环节主要采用表面工程技术的热喷涂、堆焊、激光熔覆、表面镀层修复等对失效零件进行修复。

5.3.1　热喷涂修复技术

热喷涂技术是利用热源将金属或非金属材料熔化或半熔化，借助热源本身动力或外加的压缩空气流，将喷涂材料雾化成微粒形成快速的粒子流，然后喷射到基材表面获得表面涂层的方法。在喷涂过程中，熔融状粒子撞击基体表面后铺展成薄片状，或瞬间冷却凝固，后续颗粒不断撞击到先前形成的薄片上，堆积形成涂层。热喷涂是零部件修复的一个重要手段，其不仅可以恢复产品零件的尺寸，还可以显著提高零部件的表面性能，已经广泛应用于机电产品零部件的维修中，产生了显著的综合效益。

1. 火焰喷涂法

火焰喷涂法是以氧-燃料气体火焰作为热源，将喷涂材料加热到熔化或半熔化状态，并高速喷涂到经过预处理的基体表面上，从而形成具有一定性能的涂层工艺。燃料气体包括乙炔、氢气、液化石油气和丙烷，由于乙炔和氧气燃烧可产生较高的燃烧温度和火焰速度，因而是火焰喷涂中主要采用的燃烧气体。火焰喷涂的特点是可喷涂各种金属、非金属陶瓷及塑料、尼龙等材料，应用广泛，喷涂设备轻便简单、可移动、价格低，经济性好，是目前喷涂技术中使用较广泛的一种工艺。

图 5-1 所示为粉末火焰喷涂原理示意图，喷涂的粉末从上方料斗通过进料口，送入到气体（氧气）通道中，与气体一起在喷嘴出口处遇到氧-乙炔燃烧气流而被加热熔化，并随着焰流喷射在工件表面，形成粉末火焰喷涂。粉末火焰喷涂工艺设备简单，可喷涂金属、合金、复合粉末、陶瓷及塑料等多种材料，施工方便且涂层厚度范围大，广泛应用于机械零部件和化工容器表面制备耐腐蚀、耐磨涂层。

图 5-2 所示为氧-乙炔线材火焰喷涂原理示意图，将用来喷涂的线状金属材料不断送入气体强烈燃烧的火焰区，线端不断地被加热熔化，借助压缩空气将熔化的金属雾化成微粒，喷向清洁而毛糙的表面，形成涂层。可用于在大型钢铁构件上喷涂锌、铝或锌铝合金，制备长效防护涂层。在机械零部件上喷涂不锈钢、镍铬合金及有色金属等，制备防腐蚀涂层。在机械零件上喷涂碳钢、铬钢、钼等，用于恢复尺寸并赋予零件表面以良好的耐磨性。线材火焰喷涂操作简单，设备运转费用低，因而得到广泛的应用。

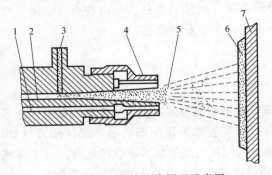

图 5-1　粉末火焰喷涂原理示意图

1—氧-乙炔混合气　2—送粉气　3—喷涂粉末
4—喷嘴　5—燃烧火焰　6—涂层　7—基体

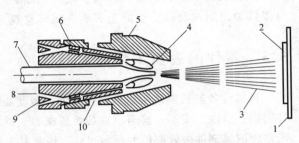

图 5-2　线材火焰喷涂原理示意图

1—基体　2—涂层　3—喷涂射流束　4—燃烧火焰
5—空气帽　6—气体喷嘴　7—线材或棒材　8—氧气
9—燃料气　10—压缩空气

超声火焰喷涂技术（简称 HVOF）是指利用气体或液体燃料，在高压大流量的氧气或空气助燃下形成高强度燃烧火焰，再通过特殊结构的喷管对这种高强度火焰进一步压缩、加速，使其达到超声速焰流，并以这种超声速焰流做热源加热、加速喷涂材料，并形成涂层的工艺方法。超声火焰喷涂具有高的喷涂粒子速度和相对较低的温度，特别适合于喷涂金属陶瓷材料，涂层的压应力结构有利于制备较厚的涂层，喷涂效率高，燃气价格较低，经济性好。适用于各类大型磨损失效轴、张力辊等废旧产品的修复，可使零件使用寿命提高 3~4 倍。

2. 电弧喷涂

电弧喷涂是以电弧为热源，将熔化了的金属丝用高速气流雾化，并以高速喷到工件表面形成涂层的一种工艺。图 5-3 所示为电弧喷涂原理示意图，喷涂时，两根金属丝状喷涂材料通过送丝轮均匀、连续地送进电弧喷涂枪中的导电嘴内，导电嘴分别接电源的正、负极，并保证两根金属丝之间在未接触之前可靠绝缘。当两金属丝端部由于送进而互相接触时，在端部形成短路并产生电弧使丝材端部瞬间熔化，通过压缩气体将熔化的材料雾化成微熔滴高速喷射到

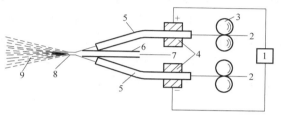

图 5-3　电弧喷涂原理示意图

1—直流电源　2—金属丝　3—送丝轮　4—导电块　5—导电嘴　6—空气喷嘴　7—空气　8—电弧　9—喷涂射流

工件表面，融化的材料液滴到达基材表面冷却形成喷涂层。

电弧喷涂与线材火焰喷涂相比较具有以下特点：

1）能源利用率高。线材火焰喷涂时，燃烧火焰产生的热量大部分散失到大气和冷却系统中，热能利用率只有 5%~15%。电弧喷涂是将电能直接转化为热能来熔化金属，热能利用率可高达 60%~70%。

2）生产效率高。电弧喷涂的生产效率与电弧电流成正比，当喷涂电流为 300A 时，喷涂不锈钢丝可达 14kg/h，喷涂铝丝为 8kg/h，喷涂效率比火焰喷涂提高 2~6 倍。

3）涂层结合强度高。电弧温度高达 5000K，使得熔融粒子温度高、变形量大，可获得较高的结合强度及涂层自身强度。

4）喷涂质量容易保证。电弧喷涂时，喷射出的每个粒子都是丝材被电弧熔化所形成的微小液滴，粒子得到充分而均匀的加热，从而保证了喷涂质量。

高速电弧喷涂技术是在传统电弧喷涂技术基础上发展起来的一种新型电弧喷涂技术，利用气体动力学原理，将高压空气或高温燃气通过特殊设计的喷嘴加速后，作为电弧喷涂的高速雾化气流来加速和雾化熔融金属，将雾化粒子高速喷射到工件表面形成致密涂层。高速电弧喷涂与普通电弧喷涂相比，粒子速度显著提高，雾化效果明显改善，沉积效率高，喷涂碳钢丝时效率可达 16kg/h，约相当于粉末火焰喷涂和等离子喷涂的 4 倍以上，成本不到等离子喷涂的 1/5。涂层与基体的结合强度高、能耗低、经济性好、涂层组织致密。高速电弧喷涂技术已成功应用于发动机再制造生产线，利用高速电弧喷涂技术修复曲轴和缸体等重要零部件，在恢复零部件产品的磨损、腐蚀失效尺寸的同时，可有效提升产品的表面性能。

3. 等离子喷涂技术

等离子喷涂是将惰性气体通过喷枪体正负两极间的直流电弧加热，产生电离而形成温度非常高的等离子焰流，从而将金属（或非金属）粉末加热到熔融状态，并使之随同等离子

焰流以高速喷射并沉积到预先处理过的工件表面上形成涂层，是热喷涂技术中热源温度最高、能量最集中的工艺方法，具有焰流温度高、射流速度快的特点。等离子喷涂涂层组织细密，氧化物夹渣含量和气孔率都较低，涂层与基体的结合及涂层颗粒之间的结合形式以机械结合为主，常用于对涂层结合强度要求较低的场合。等离子喷涂技术多用于解决航空、航天领域等高温部件的修复及再制造。

等离子喷涂由于采用了压缩电弧等离子弧作为热源，与其他喷涂方法相比，具有以下特点：

1）可以获得各种性能的涂层。由于等离子喷涂时等离子体温度高，能量集中，能溶化一切高熔点和高硬度的粉末材料，喷涂材料范围广，如难熔金属、陶瓷或金属陶瓷等。

2）涂层孔隙率低，结合强度高。由于等离子喷涂时的焰流喷射速度高，粉末微粒能获得较大的动能，所以喷涂后的涂层致密度高，结合强度高。

3）粒子高速撞击成形，成形性优良，并且工件表面不带电，不溶化，喷涂后涂层平整、光滑，喷涂组织成分均匀，不存在偏析，并且可以精确控制涂层厚度。

4）涂层氧化物和杂质含量少。等离子喷涂采用惰性气体作为工作气体时能可靠地保护工件表面和粉末材料不受氧化，从而获得含氧化物少、杂质少的涂层。

5）喷涂工艺规范，具有良好的稳定性，操作简洁方便，对构件可以做大面积喷涂，也可做局部喷涂，并且速度快、效率高。

等离子喷涂涂层的典型应用是耐磨涂层和热障涂层。等离子喷耐磨涂层和热障涂层可以提高工件的耐磨性、耐蚀性和热绝缘性。采用涂层技术提高工件表面耐磨性的应用非常广泛，如活塞环、齿轮同步环喷涂 Mo 涂层，纺织机械中的纺织辊、导丝钩等零部件喷涂耐纤维磨损的 Al_2O_3、Al_2O_3-TiO_2陶瓷涂层，泵和阀门密封面喷涂 Cr_2O_3、WC-Co 等耐磨涂层。

热障涂层广泛应用于航空发动机、燃气轮机等高温工作条件下的热屏蔽，其厚度一般小于 1mm。涂层硬度高、化学稳定性好，可显著降低基材温度，从而提高发动机效率、减少燃油消耗、延长使用寿命。隔热陶瓷层厚度大约在 0.1~0.4mm 范围，经常以加入少量Y_2O_3的 ZrO_2 作为隔热涂层，它的热膨胀系数与金属基体匹配性好，导热率很低，具有较高的抗高温热振性能和抗颗粒冲蚀性能。

重载履带车辆上的密封环配合面、轴承内外配合面、箱体支撑面等零件由于耐磨性差而迅速磨损失效。由于上述零部件多属薄壁零件，采用堆焊等方法修复因变形而保证不了质量，而用等离子喷涂可成功进行修复，并获得优异的效果。

5.3.2 堆焊修复技术

机器设备零部件，例如轴类、工模具、农机零件、轧辊、采掘机件等，经过一段时间运行后总会发生磨损、腐蚀等，使其工作性能和工作效率下降，甚至失效。利用堆焊方法能很快将这些零部件修复起来继续使用，起到延长设备使用寿命的作用。据统计，用于修复旧零件的堆焊合金量占堆焊合金总量的 72.2%。修复所花费用比制造或购买新机件的费用低得多。因此，广泛采用堆焊工艺修复旧零件，对节约材料、节省资金、弥补配件短缺等具有重要的意义。

1. 堆焊原理

堆焊是利用焊接热源将具有一定性能的材料熔敷在零部件基体表面上，形成冶金结合的一种工艺过程。利用焊接的方法在表面获得耐磨、耐热、耐蚀等特殊性能的熔敷金属层，也可用于修复材料因服役而导致的失效部位，以恢复其使用性能，堆焊除可显著提高焊件的使用寿命，节省制造及维修费用外，还可缩短修理和更换零件的时间，减少停机、停产的损失，从而提高生产率，降低生产成本。

堆焊的显著特点是堆焊层与母体材料冶金结合，高温、重载服役条件下剥落倾向小，而且可根据服役性能和生产条件在很宽的范围内选择堆焊方法和堆焊材料。堆焊已广泛用于钢铁工业的轧辊、能源领域的加氢反应器、热壁交换炉、矿山机械以及各类阀门的修复过程中。堆焊不仅是一种零件的修复手段，而且已成为诸多新品制造中不可缺少的环节，堆焊在提高零件的使用寿命以及节能、节材方面发挥着重要作用。

2. 堆焊材料

常用堆焊材料有铁基、镍基、钴基、碳化钨基和铜基等。

（1）铁基堆焊材料 有珠光体、马氏体、奥氏体钢类和合金铸铁类，性能变化范围广，韧性和耐磨性匹配好，能满足许多不同的要求，而且价格低，故应用最广泛。珠光体钢堆焊金属碳的质量分数一般在 0.25% 以下，堆焊层焊态组织以珠光体为主，堆焊金属为珠光体组织。这类合金的特点是焊接性好、抗冲击能力强、硬度较低，主要用来修复机械零件，如轴和辊子等，使之恢复原来的尺寸。马氏体钢堆焊金属除低碳、中碳、高碳马氏体钢外，还包括高速钢、工具钢堆焊合金。这类堆焊金属的组织主要为马氏体，有的有少量的残余奥氏体。奥氏体钢堆焊金属有奥氏体锰钢、铬锰奥氏体钢，其堆焊层焊态组织一般为单一的奥氏体。合金铸铁堆焊金属有马氏体合金铸铁、奥氏体合金铸铁和高铬合金铸铁，其碳的质量分数大于 2%，通常含有一种或几种合金元素，抗磨性比马氏体和奥氏体钢堆焊合金高，但延性差，易出现裂纹。

（2）镍基、钴基堆焊材料 镍基合金的抗金属与金属间摩擦磨损性能最好，并且具有很高的耐热性、抗氧化性、耐蚀性，常用的镍基堆焊材料有 Ni-Cr-B-Si 型、Ni-Cr-Mo-W 型合金。钴基堆焊材料主要指 Co-Cr-W 堆焊合金，含铬的质量分数为 25%~33%，钨的质量分数为 3%~21%。钴基合金的综合性能最好，常用于高温状态下工作的零件表面，如牙轮钻头、热冲头等零件表面的堆焊修复。

（3）铜基堆焊材料 铜基堆焊材料分为纯铜、黄铜、白铜和青铜四种。铜基堆焊材料具有良好的耐蚀性及低的摩擦系数，适于堆焊轴承等金属与金属间摩擦磨损零件和耐腐蚀零件，一般在钢和铸铁上堆焊制成双金属零件或修复旧件。

（4）碳化钨基堆焊材料 主要有铸造碳化钨和以钴为粘结金属的烧结碳化钨，这类合金硬度高，耐磨性好，但脆性大，加工过程中容易碎裂脱落。当加入质量分数为 5%~15% 的钴可以降低熔点，增加韧性。在修复被严重磨料磨损的零件和刀具堆焊中，占有重要地位。

堆焊材料的选择需满足堆焊零件的使用条件，如磨损、腐蚀、冲击、高温等，应该通过对零件的失效分析确定其磨损类型和主要影响因素，并以此来选择堆焊金属的类型。当几种堆焊金属都能满足零部件修复要求时，应该综合比较它们的经济性，以选择既能满足使用要求，又有良好经济效果的堆焊金属，同时要注意选择可焊性好、堆焊工艺简单的堆焊材料。

3. 堆焊工艺

（1）氧-乙炔堆焊 氧-乙炔火焰的温度较低，将它应用于堆焊时能得到非常小的稀释率和小于1mm厚的均匀薄堆焊层。同时，该堆焊方法设备简单、使用方便、成本低。其缺点是生产率低、工人的劳动强度大。该法一般用于堆焊较小的零件，如内燃机排气阀阀面、农机零件等。

（2）**手工电弧堆焊** 手工电弧堆焊的特点是设备简单、工艺灵活、成本低，不受焊接位置及工件表面形状的限制，它因此成为最常见的一种堆焊方法，手工电弧堆焊的缺点是热输入量大，工件变形较大，并且堆焊层不平整。它的稀释率较高、生产率较低、堆焊层不太平整，堆焊后的加工量较大，因此通常应用于少量零件的修复和强化。堆焊时必须根据工件的材质及工作条件选用合适的焊条。在磨损零件表面进行堆焊，通常要根据表面硬度选择具有相同硬度等级的焊条。堆焊耐热钢、不锈钢零件时，要选择和基体金属化学成分相近的焊条，其目的是保证堆焊金属和基体有相近的性质。

（3）**埋弧堆焊** 埋弧堆焊是利用埋弧焊方法在零件表面堆敷一层具有特殊性能的金属材料的工艺过程，目的是增强金属材料表面的耐磨、耐热、耐蚀等性能。当在连续送进的焊丝和基体之间引燃电弧时，电弧热使焊件、焊丝和焊剂熔化及部分蒸发，金属和焊剂的蒸气形成一个气泡，电弧就在这个密闭气泡空腔中燃烧，如图5-4所示。埋弧堆焊是一种堆焊修复效率较高的工艺方法，是手工堆焊效率的3~6倍，自动埋弧堆焊的电弧在焊剂层下进行，无飞溅和电弧辐射、劳动条件好，焊丝熔化形成的堆焊层平整光滑、易于实现机械化和自动化、生产率高、堆焊层化学成分均匀、成形美观。埋弧堆焊的热量输入较大、堆焊熔池大，稀释率比其他电弧堆焊方法高。埋弧堆焊需焊剂覆盖，只能在水平位置堆焊，适用于形状规则且堆焊面积大的焊接件，例如在钢轧辊、车轮轮缘、曲轴、水轮机转轮叶片、化工容器和核反应压力容器衬里等大、中型零部件批量堆焊中得到应用，埋弧堆焊的效率高，适于自动化生产。

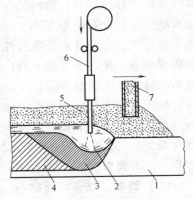

图5-4　埋弧堆焊示意图
1—基体　2—电弧　3—熔池　4—焊缝金属　5、7—焊剂　6—焊丝

（4）**气体保护电弧堆焊** 气体保护电弧堆焊分为钨极气体保护电弧堆焊和熔化极气体保护电弧堆焊两种。熔化极气体保护堆焊是用 CO_2、Ar 气或混合气体作为保护气体，主要用于被堆焊区域小，形状不规则的工件或小工件的堆焊，熔敷速度比焊条电弧堆焊快1倍以上，但是稀释率较高。钨极气体保护电弧堆焊是在氩气保护下，利用钨电极与基体之间产生的电弧热使填充金属熔敷在基体表面的一种堆焊方法。堆焊时电弧稳定、飞溅少，堆焊层形状容易控制、质量好，合金元素的过渡系数高，稀释率比熔化极气体保护堆焊低，但是生产率低，保护气体昂贵。主要适合于堆焊面积小、质量要求高、形状复杂的工件，如在汽轮机叶片上堆焊薄的钴基合金。

（5）**等离子弧堆焊** 是利用等离子弧作热源，以焊丝或合金粉末为填充材料，将填充金属熔敷在基体表面的堆焊工艺。与其他堆焊工艺相比，等离子弧堆焊的电弧能量集中、堆焊层稀释率低、焊层硬度均匀、适用材料范围广、堆焊材料消耗少、设备机械化及自动化程度高、堆焊速度快、质量稳定。适合用于大批量制备高合金、有色金属合金焊层。等离子弧堆焊技术已在大型气阀、高中压阀门密封面、钻杆耐磨带、玻璃模具制造及再制造等领域得到广泛应用。

4. 堆焊修复技术应用

堆焊是为了增大或恢复零部件尺寸或使焊件表面获得具有特殊性能的合金层而进行的焊接，随着我国大型成套装备制造技术的发展，堆焊技术的应用范围十分广泛，例如挖掘机斗齿、装载机铲刀刃、推土机刃板、水泥磨盘、岩石钻机、破碎机、螺旋输送机、搅拌机叶片、各种模具、机床等。

零件的表面堆焊除了可修旧复新外，还可延长零部件的使用寿命，通常可提高寿命30% ~ 300%，降低成本25% ~ 75%。但是，要充分发挥堆焊技术的优势必须解决好两方面的问题：一是必须正确选用堆焊合金，其中包括堆焊合金的成分和堆焊材料的形状，而堆焊合金的成分又往往取决于对堆焊合金使用性能的要求。二是选定合适的堆焊方法，制定相应的堆焊工艺，堆焊工艺参数主要包括堆焊电流、电压、堆焊速度、堆焊层数、过渡层等，不同的工艺参数对堆焊层组织性能有重要的影响，以适应不同工况条件下服役的机械零部件的修复性能和质量要求。

堆焊中最常碰到的问题是裂纹，防止开裂的方法主要是预热、缓冷，堆焊修复过程中可采用锤击等消除焊接应力。

5.3.3 激光熔覆修复技术

激光作为一种强力、非接触、清洁的热源进入加工领域以来，解决了许多常规方法无法加工或很难加工的问题，极大地提高了生产效率和加工质量，为零部件修复提供了一种先进而有效的技术手段。利用激光熔覆技术对废旧零部件进行修复，所获得的产品在技术性能上和质量上都能达到甚至超过新品的水平。

1. 激光熔覆原理

激光熔覆是利用高能密度激光束将具有不同成分、性能的合金与基材表面快速熔化，在基材表面形成与基材具有不同成分和性能的合金层，并快速凝固的过程。它具有很多优点：合金层和基材可以形成冶金结合，极大地提高熔覆层与基材的结合强度，由于加热速度很快，涂层元素不易被基体稀释。热变形较小，因而引起的零件报废率也很低。

按照激光束工作方式的不同，激光熔敷技术分为脉冲激光熔敷和连续激光熔敷两种。脉冲激光熔敷一般采用 YAG 激光器，连续激光熔敷采用二氧化碳气体激光器。根据合金供应方式的不同，激光熔覆可以分为合金预置法和合金同步供应法。

2. 激光熔覆工艺及特点

激光熔覆的质量与激光功率密度、作用时间（由扫描速度决定）、基质材料性质（包括化学成分、几何尺寸、原始组织等）、引入材料（包括化学成分、粉末粒度、供给方式、供给量、物理性质等）以及光束处理方式等因素有关。

（1）**激光熔覆材料的供料方式** 在激光熔覆工艺中，熔覆材料的供给方式大体上可分为两类：第一类是合金预置法，即熔覆材料在激光辐照前已沉积在基体材料的表面上。另一类是合金同步供应法，这种供料方式是在激光照射基体表面的同时，将合金化材料或被熔覆的材料引入熔池内。

合金预置法是指将待熔覆的合金材料以某种方法预先覆盖在基材表面，然后采用激光束在合金预覆层表面扫描，合金预覆层表面吸收激光能量使温度升高并熔化，同时通过热传导将表面热量向内部传递，使整个合金预覆层及一部分基材熔化，激光束离开后熔化的金属快速凝固而在基材表面形成冶金结合的合金熔覆层。合金材料可以是粉末，也可以是丝材或板材。对于粉末类合金材料，主要采用热喷涂或粘接等进行预置，采用热喷涂方法时涂层厚度均匀，但粉末利用率低。粘接法是在常温下将合金粉末调和在一起，然后以膏状或糊状刷涂在金属表面，较为经济和方便，但由于合金粉末与被修复零部件表面导热性不佳，激光熔覆时需要消耗更多的激光能量，且粘结剂易发生燃烧或分解，导致预熔融区域内的合金粉末飞溅和引起激光能量吸收率的改变，降低熔覆层质量。

同步送料法是激光束照射基体材料表面产生熔池的同时，用惰性气体将涂层粉末直接送入激光熔化区的方法，其工艺过程简单，合金材料利用率高，降低了熔覆层的不均匀性，还减少了激光对基体材料的热作用，可以熔覆甚至直接成形复杂三维形状的部件，是零部件修复技术中的主要供料方式。

（2）**合金粉末**　常用于激光熔覆的材料为自熔性合金粉末，一般分为镍基、钴基和铁基三大类，其主要特点是含有硅和硼，具有自我脱氧和造渣的功能，合金重熔时，硅和硼分别形成 SiO_2、B_2O_2，在熔覆层表面形成薄膜，一方面防止合金中的元素被氧化，另一方面又能与这些元素的氧化物形成硼硅酸熔渣，从而获得氧化物含量低、气孔率少的熔覆层。此外还有碳化物弥散型自熔性合金粉末、复合粉末、陶瓷粉末等，这类材料具有优异的耐磨、耐蚀等性能，通常以粉末的形式使用。碳化物弥散型自熔性合金粉末是在上述三大类合金中加入一定量的高硬度碳化物制备而成。复合粉末主要含有硬质耐磨复合粉末，如 Co/WC、Ni/WC、Co/Cr_3C_2 等。陶瓷粉末有 Al_2O_3、ZrO_2 等，氧化物陶瓷粉末具有优良的抗高温氧化和隔热、耐磨、耐蚀等性能，其中氧化锆系陶瓷粉末比氧化铝系陶瓷粉末具有更低的热导率和更好的抗热性。

（3）**激光熔覆工艺特点**　激光熔覆层与零件基体为冶金结合且稀释率低，基体热影响区小，熔覆过程中基体温度较低，零部件修复过程中不易变形。熔覆层与基体均无粗大的铸造组织，晶粒细小，组织致密。激光熔覆易于实现自动化控制，可以对几何形状复杂的产品零部件进行修复。

激光熔覆工艺存在的主要问题是熔敷层中的裂纹和气孔，熔敷层裂纹多是由于在熔覆层内的局部热应力超过材料的强度极限时产生的。特别是在熔覆层与基体交界处的开裂，常导致表面熔敷层剥落，这是目前激光熔覆修复技术的主要问题，为了减少或避免熔覆过程中产生裂纹，一般采用预热和熔覆后保温两种方式来减少裂纹的生成。激光熔覆层中的气孔是由于熔敷融化过程中有气体存在，在快速凝固过程中来不及逸出表面所致，气孔的存在容易成为裂纹产生和扩展的聚集地，因此也需要严格控制熔覆层内产生的气孔。

3. 激光熔覆修复技术应用

激光熔覆层与基体为冶金结合，结合强度较高，因此可用于一些重载条件下零件的表面强化与修复，如大型轧辊、大型齿轮、大型曲轴等零件的表面强化与修复。激光熔覆对于面积较小的局部处理具有很大的优越性，有些用其他方法难以修复的工件，如聚乙烯造粒模具，采用激光熔覆的方法可以恢复其使用性能。采用大功率激光表面强化技术和特种耐磨自熔性合金粉末，对采煤机及掘进机截齿、综采液压支架不锈钢立柱、刮板机、齿轮传动箱中的失效零件进行修复，特别是在截齿端部锥面及刮板机的易磨损部位，制备冶金结合、硬质点少和高韧性金属材料复合的激光熔敷层，在技术性能上和质量上都能达到甚至超过新品的水平，其使用寿命可提高 2~4 倍。激光熔敷修复技术有利于生产自动化和产品的在线质量监控，有利于降低成本、降低资源和能源消耗、减少环境污染。

5.3.4　表面镀层修复技术

1. 电镀技术

（1）**电镀原理**　电镀是在外电流作用下，使电解质溶液中的金属离子迁移到作为阴极的被镀基体金属表面，发生氧化还原反应，进而在金属或非金属制品的表面上形成致密均匀的金属层的一种技术。电镀不仅可以恢复磨损零件的尺寸，而且还能改善零件的表面性质，提高耐磨性、耐蚀性、形成装饰性镀层等，有些电镀还可改善润滑条件。电镀工艺可以实现几微米到几十微米厚的镀层，具有工艺设备简单、操作方便、加工成本低、操作温度低等特点。电镀是修复零件的有效方法之一，应用十分广泛。

（2）**镀铬**　硬铬镀层具有很高的硬度和耐磨性能，可提高制品的耐磨性，延长使用寿命，常用于修复磨损零件的尺寸。若严格控制镀铬工艺过程，将零件准确地镀覆到图样规定的尺寸，镀后可不进行加工或只进行少量加工。也可在被磨损的、被腐蚀的或加工过度的零件上镀比实际需要更厚的镀层，然后经过机械加工使其达到规定的尺寸。

电镀质量在很大程度上取决于镀前的表面处理。镀件表面上的微小孔洞、微细裂纹、划痕、锈迹和油膜都将影响电镀金属的均匀沉积，更会降低镀层与基体的结合强度。因此必须正确选择和妥善完成镀前准备工序，以避免电镀缺陷的产生。

（3）**电镀在修复中的应用**　机床主轴随着磨损的加重，主轴转动时伴随较明显振颤，较长的工作时间和较大的工作量，导致磨痕逐渐加深，振颤严重，噪声大，加工的零件尺寸偏差增大，影响正常使用。修复时首先需要浸入酸液内，腐蚀去除原损坏的表面，然后重新磨光电镀外圆表面，对主轴镀铬并进行除氢、磷化和二次除氢等处理，保证外圆的磨削余量，将主轴磨削至使用尺寸。电动机转子轴由于长期运行被磨损，经镀硬铬后使尺寸恢复到使用尺寸，可长期使用，降低返修率。利用电镀技术修复零件表面，恢复零件的使用功能，是机械维修方法中较为经济而且非常有效的手段。

2. 化学镀技术

（1）**化学镀原理**　化学镀是指在无外电流通过的情况下，利用化学方法将镀液中的金属离子催化还原为金属，并沉积在待镀表面的一种技术。

（2）**化学镀工艺特点**　化学镀所用的溶液稳定性较差，且溶液的维护、调整和再生都较复杂，而且成本高。与电镀工艺相比，化学镀镀层厚度均匀，晶粒细小致密、孔隙率低，其结合力一般均优于电镀，特别适于形状复杂工件、深孔件、管件内壁等表面的施镀。化学镀的特点是：

1）镀层厚度均匀。

2）镀层密度大，孔隙小，外观良好。

3）无需电解设备及附件。

4）可在金属、非金属及半导体材料上进行化学镀。

5）不受电力线分布不均匀的影响，而且在几何形状复杂的镀件上也可得到厚度均匀的镀层。

（3）**化学镀在修复中的应用**　化学镀中常采用 Ni-P 合金，此工艺获得的合金镀层具有良好的耐蚀性、耐磨性及焊接性，已广泛应用于石油化工、电子技术、航空航天及机械等工业部门。随着先进技术及高新材料的不断发展，煤矿用液压支架零部件表面镀层性能的要求越来越高，二元化学镀 Ni-P 合金工艺已难以满足复杂工况下的需求，应用化学镀 Ni-Ce-P、化学镀 Ni-P-Al$_2$O$_3$、化学镀 Ni-P-B 越来越成为主流。

采用化学镀镍强化模具，既能保证硬度和耐磨性，又能起到固体润滑的效果。例如黄铜零件拉深模在使用过程中粘铜现象严重，易拉伤零件，造成生产过程中频繁地修理模具，采用化学沉积 Ni-P 合金层，经热处理后铜模具表面硬度达到 300HBW，连续加工 500 件仍不需要修模，而且零件表面质量明显提高。

3. 电刷镀技术

电刷镀又称刷镀或选择性电镀，属于局部快速电镀。其最明显的工艺特征是：施镀过程中阳极与阴极相对运动，阳极包套软材料对阴极电镀表面产生摩擦，并在电沉积过程中间歇性循环进行，如图 5-5 所示。

（1）**电刷镀特点**　电刷镀是在电镀基础上发展起来的修复新技术。它比传统的电镀有显著的优势，是一种很有发展前途的表面工程维修技术，特别是在现场不解体修理，或对某些用其他方法难以修理的大型、复杂、贵重、精密零件进行修复，以及为了获得小面积和高性能的薄被盖层时，采用电刷镀的方法可收到良好的效果，充分显示出无可比拟的优越性。

（2）**电刷镀工艺**　电刷镀一般工艺过程主要有镀前预处理、镀件刷镀和镀后处理三大步，镀前预处理的工序有表面整修、表面清理、电净处理和活化处理，活化的实质是通过电化学和化学作用彻底除去镀件表

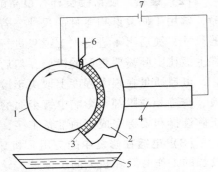

图 5-5　电刷镀基本原理示意图
1—工件　2—阳极　3—阳极包套　4—镀笔
5—盛液容器　6—供液器　7—电源

面的氧化膜和其他杂质，使电刷镀层与基体金属牢固地结合。为了提高基体金属和镀层间的结合强度，基体金属经电净、活化处理后一般不直接施镀欲镀金属，而是先镀一薄过渡层，根据欲镀金属种类不同和基体金属性质不同通常选用不同的过渡层，然后镀工作层用于恢复尺寸和表面强化。根据工件使用工况选择不同的金属电刷镀液，其中快速镍电刷镀液是电刷镀技术中应用最广泛的镀液之一，镀层具有多孔倾向和良好的耐磨性，在钢、铁、铝、铜和不锈钢等金属表面都有较好的结合力，主要用于恢复尺寸和作耐磨层。镀后处理的工序主要有清除残积物和采取必要的保护方法等。

电刷镀工艺区别于普通电镀工艺的最大特点是：镀笔与工件必须保持一定的相对运动速度，镀液中金属离子在零件表面基体金属上的还原和沉积是在不断更新地点的条件下进行的，镀层的形成是一个断续结晶过程，镀笔的移动限制了晶粒的长大和排列，因而镀层中存在大量的超细晶粒和高密度的位错，是镀层强化的重要原因。由于镀笔与工件有相对运动，散热条件好，在使用较大电流密度电刷镀时不易使工件产生过热现象。镀液能随镀笔及时输送到工件表面，大大缩短了金属离子扩散过程，不易产生金属离子贫乏现象。加上镀液中金属离子含量很高，允许使用比槽镀高几倍到几十倍的电流密度，由此带来了电刷镀金属的沉积速率远高于槽镀。可以使用手工操作，方便灵活，便于对不便搬动的或运输的大型设备开展现场修理。

（3）**电刷镀修复技术应用**　电刷镀技术的应用主要有以下方面：恢复磨损零件的尺寸

精度与几何形状精度，采用电刷镀技术可以修复由于磨损而造成的零件尺寸减小或加大（对型腔而言）和几何形状精度超差。如针对发动机零件磨损量较小的表面，可以通过电刷镀技术来恢复其尺寸精度和几何精度，如气缸盖罩、曲轴后端、凸轮轴轴颈等。实践表明，电刷镀修复的零部件的使用性能和寿命甚至超过新品零件。零件表面的划伤、沟槽、凹坑等局部缺陷，是运行的机械设备经常出现的损坏现象，尤其在机床导轨、压缩机的缸体和活塞、液压缸柱塞、轧辊等零部件上最为常见，用电刷镀修补沟槽、凹坑是一种既快捷又经济的修复方法。在机械零件制造加工过程中还经常出现零件因加工尺寸过小而超差，采用电刷镀技术可以很方便地补救尺寸超差，节约制造成本。

通过在镀液中添加纳米陶瓷颗粒还可提高涂层修复性能，其在失效零部件的修复方面有重要作用，尤其是在薄壁件、细长杆、精密件的修复过程中经常用到。纳米复合电刷镀技术有助于提高零件表面的耐磨性，降低零件表面的摩擦系数，而且还可以提高零件表面的高温耐磨性和抗疲劳性能，纳米颗粒的加入使镀层的性能大大提高，可以解决修复过程中的许多难题。

5.4 变形零件的校正技术

生产实际中，有一部分零件会因为过载和意外冲击造成几何形状发生改变，从而无法继续使用。对于这一类零件，如果变形程度在一定的许可范围内，通过人工方式或机械方式，对其进行校正，使其几何形状恢复到原始零件的精度范围内，且内部没有发生裂纹等损伤形式，则该零件是可以继续服役的。目前关于矫正、校正、矫直、校直的概念都是针对加工制造领域定义的，并没有针对再制造领域的矫正、校正、矫直、校直相关定义。这里针对再制造领域的弯曲失效零件校正，将其定义为：针对弯曲变形失效零部件，通过一定的外部能量作用，在不去除或添加材料的前提下，使失效零部件的外形在容差许可的范围内，恢复到原型形态。

5.4.1 校正原则

目前校正方法的研究主要基于下列两种校正原则进行。

（1）小变形原则 小变形原则是指在采用反弯变形校正时，压弯挠度与弹复挠度相等的原则。如图 5-6a 所示，具有一定初始变形量的弯曲变形零件，在校正载荷 F 的作用下发生反弯变形，如图 5-6b 所示。卸载载荷后零件发生回弹，只有当反弯变形等于弹复变形时，卸载后变形零件才会变直，如图 5-6c 所示。小变形原则确定的变形校正量是校正时所需的最小变形，按该原则计算的校形量校正后，工件的残留挠度为零，从而实现变形零件的校正。

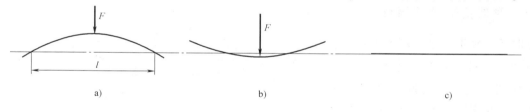

a)   b)   c)

图 5-6 小变形原则校正原理图

（2）**大变形原则**　大变形原则是板材、型材、带材等截面形状不变的材料校正时普遍采用的一种校形原则，在冶金行业得到广泛应用。大变形校正的基本原理是金属材料在明显的塑性弯曲条件下，弹复能力几乎相等。不管校正对象的原始弯曲程度如何不一样，在较大的弯曲后，几乎可以得到各处均一的曲率。校正的最终目的是要求各处的残留曲率趋于零。

5.4.2　校正方法

按照工作原理的不同，目前工业生产中行之有效的变形校正方法主要有：

（1）**机械校正**　机械校正是应用非常广泛的变形校正方法，根据不同校正对象的结构和变形特点又有多种形式，具体方法见表 5-1。

表 5-1　机械校正方法

机械校正	简　介
压力校正	将零件的弯曲部位固定在两支点之间，用压头对弯曲部位进行反向弯曲，选定合适压弯量，压头抬起，零件校正
辊式校正	通过两组做相对运动的辊轮对弯曲工件反复的进行弹塑性变形，达到校正的目的。辊式校正又分为平滚校正和斜辊校正
拉伸校正	主要针对板带材、薄壁管材，校正中不管板材的初始弯曲形态如何，只要拉伸变形超过材料的屈服极限，并达到一定程度的变形量，使各条纵向纤维的弹复能力趋于一致，在弹复后各处的弯曲量不超过允许值，则板带材被校正
拉弯校正	在拉伸的同时加上反复的弯曲，则各断面将在不同的时间内，两侧都收到较大的拉伸变形，从而取得校正目的
扭转校正	对扭转变形零件施加反向扭矩作用，产生弹塑性变形，将扭转变形零件校正

（2）**冷作校正**　采用圆锤或尖锤敲击零件变形的凹侧表面，使受撞击表面及其下一层金属产生塑性变形，导致面内产生残余应力，在此应力作用下逐步使板料达到要求外形的一种校正方法。一般有锤击法和喷丸校正法。其中喷丸校正法目前主要应用在航空航天领域，如波音和空中客车等飞机制造公司在其现代客机的生产中，都已采用了喷丸校形方法。

（3）**加热校正**　与加热有关的校正方法称为加热校正，又可分为火焰校正和一般的热校正，他们的校正方法和校正原理是不同的。

1）火焰校正。利用热胀冷缩的原理使弯曲部位的凸面在加热后膨胀，冷却后收缩而发生塑性变形，从而达到平直工件的目的。

2）热校正。即在升温和应变硬化极小的应变速率状态下进行的变形校正。采用这种校正方法，校正时不会因工件的变形量过大而产生过大校正应力，甚至产生校正裂纹导致报废工件。对于不同的工件材料，热校正必须严格控制加热温度和高温保持时间。

5.4.3　弯曲变形校正原理

弯曲变形校正原理如图 5-7 所示，u_0 为弯曲变形零件的初始变形量，u_n 为校正的反弯变形量，u_f 为卸去载荷后的弹复变形量。校正时将弯曲变形零件两端简支，弧形向上，简化为简支梁。校正时，

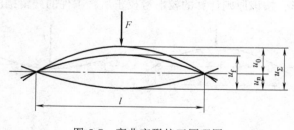

图 5-7　弯曲变形校正原理图

在梁最大变形位置施加反向的校正载荷 F，在施加载荷的初级阶段，零件发生弹性变形，若此时卸载载荷，则零件在弹性势能的作用下完全回弹，回到初始位置。若继续加载，并超过材料的屈服强度，零件发生弹塑性变形，若此时卸载载荷，则零件在弹性势能的作用下部分回弹，若弹复变形量 u_f 等于反弯变形量 u_n，则零件达到校正目的。

5.4.4　弯曲变形校正过程中的基本曲率关系

曲率代表弯曲变形零件的弯曲程度。对弯曲变形零件的校正过程，实际上是变形零件曲率发生变化并满足一定变化规律的过程，该过程是发生弹塑性变形的过程。要使零件得到校正，则零件校正过程中的曲率需要满足一定关系。零件中性层在弯曲过程中不改变长度，中性层的曲率变化可以正确的代表零件在弯曲过程中的曲率变化。

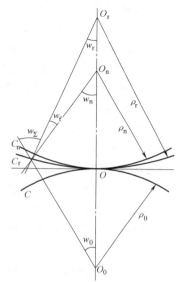

如图 5-8 所示，取零件中性层中的单位弧长 $\overset{\frown}{CO}$，该弧长对应的弧心角即为该弧段的曲率值。弯曲变形零件的初始状态是弯曲的，其初始弯曲曲率为 w_0，曲率半径为 ρ_0。为校正该弯曲变形零件，对其施加反向校正载荷，$\overset{\frown}{CO}$ 发生反向弯曲到达 $\overset{\frown}{C_nO}$ 位置，此时零件的反向弯曲曲率为 w_n，曲率半径为 ρ_n。零件由初始状态 $\overset{\frown}{CO}$ 到反向弯曲状态 $\overset{\frown}{C_nO}$，发生总的曲率变化量为

$$w_\Sigma = w_0 + w_n \tag{5-1}$$

卸载反向载荷，零件在弹性势能的作用下发生回弹，由于弯曲变形零件发生弹塑性变形，其中塑性变形不能恢复原形，故零件部分回弹，并不能回到原来的变形位置，而只能回弹至位置 $\overset{\frown}{C_rO}$，此时对应的曲率为残余曲率 w_r，则残余曲率 w_r 与回弹曲率 w_f、反向弯曲曲率 w_n 存在关系式

图 5-8　弯曲变形校正的曲率关系

$$w_r = w_n - w_f \tag{5-2}$$

因此，为使卸载校正载荷后达到校正的目的，需使卸载后残余曲率为零，即 $w_r = 0$，从而得到

$$w_n = w_f \tag{5-3}$$

即校正的反向弯曲曲率与零件的回弹曲率相等。

对曲率做相对处理，定义曲率与弹性极限曲率 w_a 的比值为曲率比 w'，其中弹性极限曲率取决于零件的材料属性及截面形状，对于特定零件而言弹性极限曲率为确定值。显然，做相对处理后各曲率关系仍成立，将式（5-3）两端同时做相对处理，则

$$\frac{w_n}{w_a} = \frac{w_f}{w_a} \tag{5-4}$$

记做

$$w_n' = w_f' \tag{5-5}$$

式（5-5）即为将弯曲变形零件校正到平直状态所需要满足的基本曲率关系。

5.5 功能模块的改进性设计

前述内容主要针对零部件的修复和再制造，对于产品的再制造而言，仅仅恢复零件的质量往往不能有效满足用户的需求，还要根据市场的情况对产品的功能进行一定的升级。但是这种升级必须在废旧产品已有平台的基础上，结合现有技术来实现。

1. 基于换件的产品再制造

根据前面所介绍的零件再制造技术虽然可以对零件的磨损和缺失部分进行修复，但在工程实际中，这类修复工作往往只适用于单件价值较高的零件。对于单价值低，批量较大且适于自动化生产的零件而言，用表面修复技术来进行再制造往往缺乏经济性。此时，通过用新件来替换旧件就是一种合理且可行的再制造方法。用来替换的新件可以是原厂生产的零件，还可以是批量再制造之后的零件。其前提是符合相关的质量标准。以汽车电动机的再制造为例，主轴端部的轴承在拆解之后进行清洗和检测，如果精度满足要求，则继续使用旧件。如果精度不满足要求，就用新的轴承来进行替换。

2. 基于模块升级的产品再制造

很多产品的退役不仅仅是因为功能失效，还可能是由于产品的性能无法满足当前的技术要求。此时即便产品功能仍然存在，也无法满足市场的需求，此时就需要通过对功能模块的升级来使其获得新的功能或提高其性能参数。机床的升级再制造就是一个典型的例子。

随着机床使用役龄的增加，机床的机械传动部件，如导轨、丝杠、轴承等都有不同程度的磨损。机床数控化再制造过程中的首要任务是对旧机床进行类似于通常机床大修的修整，以恢复机床精度，达到新机床的性能指标。因此，机床数控化再制造可以结合机床的大修来进行。但机床数控化对机床精度的要求与普通机床的大修是有区别的，即整个机床精度的恢复与机械传动部分的改进，都要为满足数控机床的结构特点和数控自动加工的要求来进行，并应具有批量大修的特征，通常采用纳米表面技术、复表面技术和其他表面工程技术（如模具修复技术、高强度纳米修补技术等），修复与强化机床导轨、溜板、尾座等磨损、划伤表面，并提高其尺寸和几何精度。机床的润滑系统及动配合部位采用纳米润滑添加剂和纳米润滑脂、纳米固体润滑干膜等材料，可以进一步提高机床的性能。

由于数控系统是整个数控机床的指挥中心，因此选择合适的数控系统至关重要。老旧机床数控化再制造适合选用性能价格比良好，工作可靠的经济型数控系统，在功能上包括手动脉冲、图形跟踪、模拟量输出、内置 PLC 等。

然后是辅助系统的选择和安装。在机床数控化改造过程中，要根据机床的控制功能选取辅助装置。由于大部分数控机床的辅助装置目前在国内已有不少生产厂家配套供应，所以选取后即可按其安装要求在机床相应位置上进行安装、调整。

旧机床上述各个部件的再制造过程完成后，就可以对组装的再制造机床各个部件进行调试。一般先对电气控制部分进行调试，看单个动作是否正常，然后再进入联机调试阶段。最后通过激光干涉仪等先进检测仪器对再制造后的数控机床的关键参数进行标定和检测。

3. 基于公差分组的产品再制造装配

机械产品再制造装配过程特点与传统的制造系统装配过程相比，存在大量的动态、不确定性因素，其特点主要体现在以下两方面：

（1）**待装配零件质量状况的不确定性** 机械产品再制造装配的零部件大多是再利用件和再修复件，零件公差带离散程度较大，不同批次同类零件的质量特征分布形态难以用某一分布表征，导致装配质量不稳定程度增大，也使装配工艺呈现多样化的特点。

（2）**再制造装配过程的不确定性** 再制造装配过程是再制造零件和全新零件混装的过程。质量控制点散布于装配过程中，相互之间存在动态、非线性的作用，这种相互作用以装配误差的形式呈现，并以在制品为载体向下游装配环节传播，最终形成产品的相关质量属性。

在再制造装配过程中，很难用某一特定的概率分布来表示再制造零件的质量特点。再制造零件公差带离散程度大、不同批次的同类零件的质量特征分布无规律，如果继续采用传统的静态装配策略，则会导致装配质量不稳定程度增大。因此需要精确感知待装配零部件的关键质量特性数据，为再制造装配质量在线优化提供数据支持，这种相互作用以装配误差的形式呈现，并以在制品为载体向下游装配环节传播，最终形成产品的相关质量属性，从而消除再制造装配过程的不确定性对再制造装配质量稳定性的影响。再制造装配过程动态工序质量控制基本框架如图5-9所示。

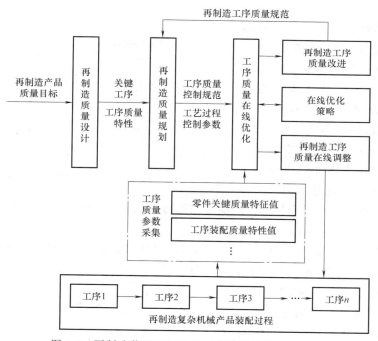

图5-9 再制造装配过程动态工序质量控制基本框架

4. 主动再制造

（1）**产品的主动再制造** 主动再制造是从产品全生命周期的角度出发，综合考虑再制造前后的性能得出的最佳再制造策略。

（2）**再制造与产品服役周期** 产品在服役过程中，其性能随时间是不断变化的，如图5-10所示。产品性能随着服役时间下降，但经过适当的维修，产品性能可以小幅度提升。同时，由于维修过程及技术等的限制，存在产品维修性能上限和产品维修性能下限。产品维修性能上限：通过维修，产品所能达到的最佳性能。但随着维修次数的增加，产品维修性能上限也会随之降低。产品维修性能下限：产品可允许维修的最低性能要求，产品维修性能下限通常是一常量，若产品性能降低至该下限以下，则无法进行维修。

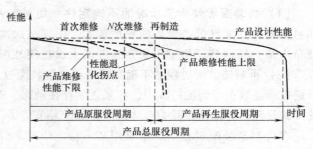

图 5-10 再制造与产品服役周期

当产品无法维修时即退役，而退役后的产品通过再制造，性能得以大幅度提升，达到甚至超过产品设计性能，此时产品即开始新的服役周期。假设产品只进行一次再制造。产品由服役初始直至再制造前的服役时段为产品原服役周期，是产品的第一个寿命周期，期间的性能在维修性能上限和维修性能下限之间。产品从再制造后至下一次退役的服役时段为产品再生服役周期，是产品的第二个寿命周期，通过再制造，产品性能恢复至设计性能，之后再制造产品的性能按照与新品相近的方式演化。而产品原服役周期与再生服役周期的总和是产品总服役周期，主动再制造的目的就是在保证性能的前提下，使其总服役周期最长。

如果忽略维修过程，产品的性能演化曲线可简化为图 5-11 所示曲线。产品的性能随服役时间是不断退化的，在初始阶段，产品整体性能良好，性能退化缓慢，但是到服役后期，产品性能会急剧下降，当产品性能退化至性能拐点 I_P，产品应进行再制造。但同时，并非所有产品都可再制造，即存在一个性能退化阈值，当

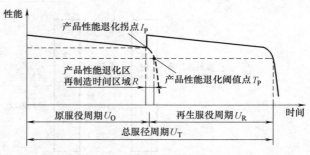

图 5-11 产品的性能演化曲线

超出该阈值时，在当前技术条件下，产品无法进行再制造或不适合进行再制造，此时为产品性能退化阈值点 T_P。

如图 5-12 所示，产品性能退化拐点 I_P 与性能退化阈值点 T_P 分别对应时间点 T_{IP} 与 T_{TP}。因此产品的再制造时间区域（简称再制造时域）为 $R=[T_{IP}，T_{TP}]$。产品处于再制造时域内时，适合再制造。目前的被动再制造模式由于产品退役时机不同造成不确定性较大，其被动再制造时机可能在 R 区间内，也有可能超出 T_{TP} 使得产品无法进行再制造。

5. 主动再制造的特点

主动再制造是再制造的理想过程，当产品处于性能退化拐点时进行再制造，其经济性、环境性、技术性最佳，此时 T_{IP} 即对应的主动再制造理想时间点（即主动再制造时机），而 T_{IP} 附近区间 $2\Delta T$ 内即为主动再制造时域 $AR=$

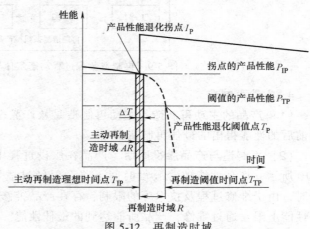

图 5-12 再制造时域

$[T_{\mathrm{IP}}-\Delta T,\ T_{\mathrm{IP}}+\Delta T]$。与被动再制造相比，主动再制造有如下特征。

1）时机最佳性。产品性能退化规律决定了在产品服役过程中客观存在一个再制造最佳时间区域，在该区域内进行再制造，恢复原设计功能的技术性、经济性、环境性最优。而被动再制造则不确定性大，离散度大，无法保证技术性、经济性等。

2）主动性。不是在产品废弃后再被动地对其零部件进行单件的、个性化的复杂判断，决定能否再制造，而是通过对产品整个生命周期的经济性、环境性、技术性以及整体性能的多目标决策确定一个时间区域，当产品服役到该时间区域时，便主动地对其进行再制造。

3）关键件优先性。主动再制造面向的是整个产品，但是一个产品中有不同的零部件，并且按照其重要程度分为关键零部件和非关键零部件。对于主动再制造时机，既需要考虑产品的整机性能退化又需要考虑产品中的关键零部件再制造性。当整机性能参数达到某一阈值，产品发生失效时，其关键零部件性能必须还没有退化到临界值，还具有较高的再制造价值，即关键件的再制造临界值要高于整机性能的阈值，在产品设计中要充分考虑。

4）可批量性。对于同一设计方案、同一批次的产品，在正常的工作状态下，由于再制造时间的主动选择，再制造毛坯状态的差异性得到最大限度降低，则再制造工艺相对一致，可实现再制造的批量生产。

第6章
机电产品回收再利用过程的检测技术

6.1 概述

在废旧机电产品的回收与再利用过程中，为了保证质量和减少资源浪费、降低污染，需要对处理过程的各个环节进行检测。这里所说的检测包含了检验和测试两部分内容。主要包括对被拆解对象的成分测定，对再制造过程中零部件的质量的检测，以及生产过程中环境指标的测定等内容。

6.2 拆解过程的检测技术

6.2.1 材料成分检测

在拆解之前如果能明确材料类型，并进行细化拆解和拆解后的零部件归类，则会大大提高拆解后的经济效益。例如将特种钢集中销售能获得更高的价格，反之，如果将特种钢材混杂到普通钢材中进行处理，则只能按照普通钢材的价格来销售。目前对于金属材料的检测与识别已经较为成熟，图 6-1 所示是一种常见的手持式光谱仪，用来对金属材料进行快速光谱分析，并通过联网数据库快速对比出金属材料的牌号。

图 6-1　手持式金属成分光谱仪

非金属材料的快速识别目前是一个难点，虽然根据国际标准化组织的要求，在零部件的表面应该用专用符号来标识材料类型，但是随着使用时间的增加，以及摩擦磨损等情况，这些符号往往会失去辨识效果。同样，为了提高其再利用效益，也可以通过检测技术来获得其成分信息。

对于废旧塑料的鉴别，已有多种可应用的方法，如静电法、光学法、X 射线荧光法、荧光标记法、紫外光谱法、等离子发射光谱法、激光诱导发射光谱法、拉曼光谱法、中红外（MIR）法及近红外（NIR）法等，其中 NIR 法是最吸引人的先进技术之一，并已获得了工业应用。NIR 技术很适合用于分析透明的或淡色的聚合物，且相当快捷、可靠。对常见的一些废旧塑料（如 PE、PP、PVC、PS、ABS、PET、PC、PA、PU 等）NIR 光谱均不同，易于识别，图 6-2 所示是目前常见的一种便携式近红外光谱分析仪。

采用 NIR 技术鉴别废旧塑料具有一系列优点。

　　1）NIR 检测器（如铟-镓-砷或锗-铟-砷检测器、光纤检测器）响应时间短、灵敏度高、穿透试样能力比中红外强，且可采用衰减低和价格相宜的石英纤维光学元件，它使用方便，还可远程检测。

　　2）NIR 光谱仪无运动部件，不被振动和尘土所影响，可在恶劣环境下工作，故特别适用于废旧塑料回收系统。

　　3）NIR 设备易维修，结果再现性好，几乎没有仪器漂移。

图 6-2　近红外光谱分析仪

6.2.2　零部件基本性能参数检测

　　废旧机电产品上的很多零部件根据其性能参数的不同可以有不同的处理方法和用途，同时根据用途的不同又可以采用不同的拆解方法。例如当零件不具备再制造可能性时，只能作为材料回收，此时可以采用破坏式拆解方法来提高工作效率。但是对于有再制造价值的零部件就必须严格按照无破坏拆解的工艺来操作。

　　上述的检测工作既可以在拆解之前进行，也可以在完成拆解之后进行。例如对于汽车的铅酸电池，如果该电池的电参数满足要求，是可以将其用来作为备用电源进行储能使用，而如果其电参数低于额定值，则该蓄电池只能作为固体废弃物进行资源回收处理。

　　对于目前正在发展的新能源汽车同样存在这个问题，新能源汽车中的动力电池被拆解之后，其中的电池模块也需要通过专门的检测设备进行电参数测定，通过电参数测定将电池模块进行分类处理。

　　对于这些废旧零件的基本性能参数的检测，无论是电参数检测还是力学性能参数检测，都需要开发与之相对应的检测设备或检测仪器。

6.3　再制造过程中的检测技术

6.3.1　感官鉴定

　　感官鉴定是指只凭检测人员的经验和感觉鉴定零部件技术状况的方法。该类方法精度不高，只适于分辨货物中的违禁品夹杂物、明显存在的缺陷（如断裂、锈蚀）以及精度要求不高的零部件检测。该检测方法虽然看起来比较简单快速，但需要检测人员具有丰富的实践经验和深厚的技术储备。总体上，感官鉴定主要包括目测、听测、触测 3 种形式。例如，直接用肉眼或借助放大镜等对整体货物和具体毛坯件进行目测和宏观检测（如违禁品夹杂和零件的裂纹、断裂、刮伤等状况），以此做出可靠的判断。需要指出的是，感官鉴定只是初步检测，具体还需进一步在实验室中进行试验得到科学可靠的结论。

6.3.2　常规仪器检测

　　常规仪器检测是指借助于常规的仪器设备对再制造用毛坯件的几何尺寸、理化性能、缺陷、疲劳等技术状况进行精确的检测。该类检测往往与具体的法规、技术要求和标准方法相对应，主要包括以下内容。

1. 几何量检测

毛坯件的几何量是影响产品质量的重要参数，对零部件进行几何尺寸检测要根据尺寸、公差等技术要求进行测量和判定，了解零件的尺寸变化，评估该零件能否继续使用。常用的几何量测量工具有卡钳、千分尺、游标卡尺、塞规、量块、千分表、齿轮规、三坐标测量仪、接触式测量仪、激光线扫描仪等。由于再制造用毛坯件往往不具有规则的几何形状，所以先进的三坐标测量仪、接触式测量仪、激光线扫描仪在几何量测量中的使用越来越广泛。

2. 理化性能检测

拆解后的毛坯件是否能够满足再制造的要求，不仅取决于其几何量，还与理化性能有关。常用的理化性能检测仪器有 α-β 表面污染测量仪、智能化伽马辐射仪、材料万能试验机、冲击试验机、硬度计、直读光谱仪、原子发射光谱仪、紫外分光光度计、原子荧光光度计、冷原子吸收光谱仪、液相色谱仪、气质联用仪、电感耦合等离子质谱仪、碳硫分析仪、氮氧分析仪等设备。

3. 其他检验

毛坯件表面质量、内部缺陷、疲劳性能等检测可以根据相关标准进行，涉及的主要仪器有扫描电镜、光学显微镜、X 射线应力分析仪、疲劳试验机、摩擦磨损仪、粗糙度分析仪等。

6.3.3 超声检测技术

超声检测主要是基于超声波在工件中的传播特性，如声波在通过材料时能量会损失，在遇到声阻抗不同的两种介质分界面时会发生反射、折射等。

1. 工作原理

1）利用设备产生超声波，并采用一定的方式使超声波进入工件。

2）超声波在工件中传播并与工件材料以及其中的缺陷相互作用，使其传播方向或特征被改变。

3）改变后的超声波通过检测设备被接收，并可对其进行处理和分析。

4）根据接收的超声波特征，评估工件本身及其内部是否存在缺陷及缺陷的特性。

2. 超声检测的优点

1）适用于金属、非金属和复合材料等多种材料制件的无损检测。

2）穿透能力强，可对大厚度工件内部缺陷进行检测。如对金属材料，可检测厚度为1～2mm 的薄壁管材和板材，也可检测几米长的钢锻件。

3）缺陷定位较准确。

4）对面积型缺陷的检出率较高。

5）灵敏度高，可检测工件内部尺寸很小的缺陷。

6）检测成本低、速度快、设备轻便、对人体及环境无害、现场使用方便等。

3. 超声检测的局限性

1）对工件中的缺陷进行精确的定性、定量检测仍需作深入研究。

2）对具有复杂形状或不规则外形的工件进行超声检测有困难。

3）缺陷的位置、取向和形状对检测结果有一定影响。

4）工件材质、晶粒度等对检测有较大影响。

5）常用的手工 A 型脉冲反射法检测，结果显示不直观，检测结果无直接见证记录。

6.3.4 射线检测技术

当强度均匀的射线束透射物体时，如果物体局部区域存在缺陷或结构存在差异，它将改变物体对射线的衰减，使得不同部位透射射线强度不同，这样，采用一定的辐射探测器检测透射射线强度，就可以判断物体内部的缺陷和物质分布等。

射线检测技术基于物体对比度，采用辐射探测器拾取这个物体对比度信号，并将它转换成射线检测图像，从图像信息作出判断结论。不同的射线检测技术，采用不同的辐射探测器拾取物体对比度信号，通过不同的过程完成物体对比度信号到射线检测图像的转换。不同类型的数字射线检测技术，采用的辐射探测器不同，完成物体对比度信号到射线检测图像的转换过程不同，但共同点是，最终获得的是数字化的射线检测图像。

1. 射线检测的优点

1）检测结果直观。

2）缺陷定性比较容易，定量、定位也比较方便。

3）检测结果可以保存。

4）适用对象广（金属、非金属、复合材料均可）。

2. 射线检测的局限性

1）检测成本较高。

2）存在安全隐患，应注意射线防护。

3）对体积型缺陷的检测灵敏度较高，对平面型缺陷的检测灵敏度较低。

4）须利用双面法检测。

5）照相法的检测效率较低。

6）射线透照方向的被检件尺寸不能太大。

6.3.5 磁粉检测技术

磁粉检测的基础原理是缺陷处的漏磁场与磁粉的相互作用。它利用了钢铁制品表面和近表面缺陷（如裂纹、夹渣等）磁导率与钢铁磁导率的差异，磁化后这些材料不连续处的磁场将发生畸变，形成部分磁通泄漏出工件表面产生了漏磁场，从而吸引磁粉形成缺陷处的磁粉堆积——磁痕。在适当的光照条件下，显现出缺陷的位置和形状。对这些磁粉的堆积加以观察和解释，就实现了磁粉检测。

1. 磁粉检测的优点

1）可发现裂纹、夹杂、发纹、白点、折叠、冷隔和疏松等缺陷，缺陷显现直观，可以一目了然地观察到它的形状、大小和位置。

2）对工件表面的细小缺陷也能检查出来，具有较高的检测灵敏度。但太宽的缺陷将使检测灵敏度降低。

3）只要采用合适的磁化方法，几乎可以检测到工件表面的各个部位。

4）与其他检测方法相比较，磁粉检测工艺比较简单，检测速度也较快，检测费用也较低。

2. 磁粉检测的局限性

1）只能适用于铁磁性材料，只能检测出铁磁性工件表面和近表面的缺陷，一般深度不超过 1～2mm。

2）检测缺陷时的灵敏度与磁化方向有很大关系。如果缺陷方向与磁化方法平行，或与工件表面夹角小于 20°就难于显现。

3）如果工件表面有覆盖层、漆层、喷丸层，将对磁粉检测灵敏度起不良影响。

4）由于磁化工件绝大多数是用电流产生的磁场来进行的，大的工件往往要用较大的电流。磁化后一些具有较大剩磁的工件还要进行退磁。

6.3.6　渗透检测技术

渗透检测是一种以毛细作用原理为基础的，检查非多孔性材料表面开口缺陷的无损检测方法。将溶有着色染料或荧光染料的渗透剂施加于工件表面，由于毛细现象的作用，渗透剂渗入到各类开口至表面的微小缺陷中，清除附着于工件表面上多余的渗透剂，干燥后再施加显像剂，缺陷中的渗透剂重新回渗到工件表面上，形成放大了的缺陷显示，在白光下或在黑光灯下观察，缺陷处可呈红色显示或发出黄绿色荧光，目视即可检测出缺陷的形状和分布。

1. 渗透检测的优点

1）不受试件形状、大小、化学成分、组织结构的限制，也不受缺陷方位的影响，且一次操作可同时检出所有的表面开口缺陷。

2）检测设备及工业过程简单。

3）对人员的要求不高。

4）缺陷显示直观。

5）检测灵敏度较高。

2. 渗透检测的局限性

1）只能检测表面开口缺陷。

2）对多孔性材料的检测困难。

3）检测结果受检测人员的影响较大。

6.3.7　涡流检测技术

涡流检测是建立在电磁感应原理基础上的一种无损检测方法。涡流检测的原理就是电磁感应原理。

实现涡流检测所需的必不可少的装置是涡流检测线圈和涡流检测仪器。涡流检测线圈的作用是通过电磁感应在导体中感应生产涡流，并通过电磁感应测量出带有导体质量信息的涡流信号。涡流检测仪器的作用是供给检测线圈用以感生涡流的交变电流，并对检测线圈测量到的涡流信号进行分析处理，以识别导体的有关性能和发现缺陷的存在。涡流检测除了用来检测不连续缺陷外，还可以用来检测金属材料和产品的诸多特性。

1. 涡流检测的特点

1）只适用于导电材料。

2）是一种表面和近表面的检测方法。

3）检测不需要耦合剂。

4）检测速度快。

5）能实现高温金属检测。

6）容易实现自动化。

7）能用于复杂形状工件的检测。

8）是一种当量比较的检测方法。

9）要特别注意信号处理。

2. 涡流检测的局限性

1）只适用于检测金属表面缺陷。

2）检测深度和检测灵敏度是相互矛盾的，很难两全。

3）采用穿过式线圈进行检测时，所得信息是整个圆环上影响因素的累积结果，对缺陷处在圆周上的具体位置无法判定。

4）旋转探头式涡流检测方法检测区域狭小，检测速度慢。

6.3.8　机器视觉检测技术

机器视觉（Machine Vision，MV），又称为图像理解和图像分析，是指由人类设计并在计算机环境下实现的模拟或再现与人类视觉有关的某些智能行为。机器视觉检测技术是多学科的交叉与结合，涉及计算机、数学、光学、色度学、最优控制、人工智能、数学形态学、数字图像处理、模式识别、信息论、神经网络及遗传算法等诸多学科，是当今世界上最为活跃的技术之一。

机器视觉的研究范围包括图像采集、图像数字化、数字图像处理、数字图像分析、模式识别等内容。一个典型的工业机器视觉检测系统包括光源、光学成像系统、图像捕捉系统、图像采集与数字化模块、数字图像处理模块、智能判断决策模块和机械控制执行模块。系统工作原理为：利用 CCD 相机或其他图像拍摄装置将目标转换成图像信号，然后转变成数字化信号传递给专用的图像处理系统，根据像素分布、亮度和颜色等信息，进行各种运算，提取目标特征，再根据预设的容许度和其他条件输出判断结果。

6.3.9　磁记忆检测技术

金属磁记忆检测技术是一种弱磁性无损检测技术。该技术是 1997 年在美国旧金山举行的第 50 届国际焊接学术会议上，由俄罗斯学者 Doubov 正式提出的。金属磁记忆检测技术认为：铁磁材料在地磁场环境中，受到工况载荷的作用，在应力集中区域，磁畴结构发生不可逆变化，在应力集中部位生成自有漏磁场。即使卸载载荷，自有漏磁场依然存在，"记忆"着应力集中部位，即产生金属磁记忆现象。

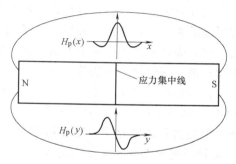

在缺陷及应力集中部位出现的漏磁场 H_p，其法向分量 $H_p(y)$ 具有过零点及较大梯度值，水平分量 $H_p(x)$ 则具有最大值，如图 6-3 所示。因此，通过检测磁场强度分量 H_p 的分布情况，就可以对缺陷及应力集中程度进行推断和评价。

图 6-3　检测磁场

金属磁记忆检测技术经过长期的发展，已经在工程领域得到广泛应用，与其他无损检测技术方法相比，具有以下优点。

1）检测前不需要清理被测构件表面铁锈油污，表面油漆及镀层也无需去除，可以保持构件原貌进行检测。

2）检测时不需要采用专门的磁化设备，仅利用地球磁场作为激励磁化场。

3）对被检构件可实现静态离线或动态在线检测。

4）检测传感器与被检构件表面可直接接触，也可具有一定距离。

5）仪器设备体积小，操作简便灵活，确定应力集中区域的精度可达 1mm。

6.4 材料回收与处理过程中的检测技术

检测分析是材料回收再生利用过程中的一个重要技术环节。其目的就是在材料回收过程中发现任何对回收材料质量和性能有影响的问题，并将其反馈到质量控制部门以使材料回收工艺得到及时调整，保证最终产品的质量与性能满足要求。

6.4.1 化学成分测试

成分分析主要分为原材料成分分析、回收过程中的成分分析、循环利用后成品的成分分析。目前主要有化学分析法和仪器分析法等。

1. 化学分析法

主要是利用化学反应将待测元素转变为具有某些特殊性质的新化合物，再根据新化合物的质量或者反应中试剂的消耗量确定待测元素含量的方法。前者为质量（或称量）法，后者为容量（或滴定）法。化学分析法通常用于高含量或者中含量组分的测定，即待测组分的质量分数在 1% 以上。

2. 仪器分析法

仪器分析法是以待测物质的物理性质或物理化学性质为基础的分析方法。这些方法通常需要特殊的仪器。仪器分析法是灵敏、快速、准确的分析方法，发展快、应用广泛。其中光学分析法特别受重视。光学分析法，是根据物质吸收或发射特定波长的辐射能而建立的分析方法，分为光谱法和非光谱法。光谱法是根据待测物质经电磁辐射激励后产生辐射波长和强度的变化而建立起来的分析方法，由于其灵敏度高、速度快、选择性好、易于实现自动化记录和连续测定等优点，是目前在生产企业中应用最普遍的光学分析法，在材料回收过程中的应用也最为广泛。非光谱分析法测量的是波长特征以外的光子信息，如紫外-可见吸收光谱法、红外吸收光谱法、原子发射光谱分析法、原子吸收光谱分析法、荧光分析、火焰光度分析和核磁共振波谱分析法等。

1）原子吸收光谱法。又称为原子吸收分光光度法（Atomic Absorption Spectroscopy, AAS），是基于被测元素的原子蒸气对共振波长光的吸收作用进行定量分析的一种方法。原子吸收光谱有较好的灵敏度和精密度，已广泛地应用于低质量分数元素的定量测定，可对 70 余种金属元素及非金属元素进行定量。

2）X 射线荧光光谱法。基本原理就是当物质中的原子受到适当的高能辐射的激发后，即放射出该原子所具有的特征 X 射线，根据探测到该元素特征 X 射线的存在与否的特点，可以进行元素定性分析。次级 X 射线的强度与元素的含量有关，故确定次级 X 射线的强度，就可以进行元素定量分析。

3）原子发射光谱法，是根据试样中被测元素的原子或离子，在光源中被激发而产生特征辐射，通过判断这种特征辐射的波长及其强度的大小，对各元素进行定性、定量分析。目前使用最广的有电感耦合等离子体发射光谱仪（ICP）和光电直读光谱仪两种。

6.4.2　力学性能检测技术

材料回收过程中的力学性能检测技术是对材料是否循环利用、循环利用后是否达到要求进行判断的方法之一，主要目标在于：对原材料进行检验判断，以确定材料是继续使用，还是修复使用，或再生利用，为改进和研究其成分、组织以及材料回收再利用工艺提供依据。对回收再利用以后的材料进行力学性能检测，判断材料是否符合设计要求。常用的检测技术主要为拉伸实验、硬度实验等几大类。

废旧材料以及再生产品的力学性能，如屈服强度、抗拉强度、伸长率、硬度等是材料评定和选用的主要依据，也是材料的工程应用等方面的计算依据，其中拉伸性能是测定材料机械性能的重要方法。

拉伸试验可通过应力应变曲线获得屈服强度、抗拉强度、伸长率和断面收缩率等。如图 6-4 所示。其中 δ_b 为材料的抗拉强度，σ_s 为材料的屈服强度，伸长率 A 可通过拉伸试样的断后标距的残余伸长与原始标距之比的百分率来获得。

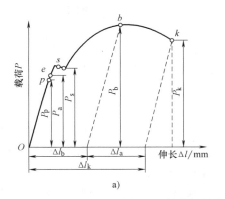 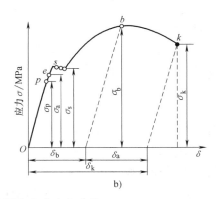

图 6-4　低碳钢的拉伸图和应力应变曲线

a）拉伸图　　b）应力应变曲线

硬度是材料抵抗局部变形，特别是塑性变形、压痕或划痕的能力，测试方法总体上可分为压入法和刻划法两大类。常用硬度指标包括：布氏硬度、洛氏硬度、维氏硬度与显微硬度等。

6.4.3　组织分析技术

内部组织结构方面主要是利用光学显微镜分析。但对于金属表面和内部更细微的组织结构和成分的分析，通常采用 X 射线衍射仪、电子显微镜、电子探针仪等。

X 射线衍射时可形成未知物相的衍射花样，将之与已知物相的衍射花样进行比较，可定性分析和鉴别试样中的物相，包括纯元素、化合物和固溶体。同时也可以根据各物相的衍射线的强度来定量分析各物相的相对含量。

透射电镜的主要特点是可以进行组织形貌与晶体结构同位分析，观察金属材料的显微组织的类型、数量、分布、形状及相互关系，从而克服光学显微镜分辨率低的限制，可以分析 $1\mu m$ 以下的精细结构。还可以更深刻地认识断口的特征、性质，揭示断裂过程机制，研究影响断裂的各种因素。

扫描电子显微镜的成像原理是以类似电视摄影显像的方式，用细聚焦电子束在样品表面扫描时激发产生的某些物理信号来调制成像。扫描电子显微镜是材料内部组织分析研究的有效工具，尤其适合于比较粗糙的表面，如金属断口和显微组织三维动态的观察研究。一般较新型的扫描电子显微镜的二次电子像的分辨率已达到 $3\sim4nm$，放大倍数可从数倍原位放大到 20 万倍左右，而高级扫描电子显微镜最大可放大 80 万倍。

电子探针仪（EPA 或 EPMA），是目前较为理想的一种微区化学成分分析手段，其原理是用细聚焦电子束入射样品表面，激发出样品元素的特征 X 射线，分析特征 X 射线的波长（或特征能量）即可知样品中所含元素的种类（定性分析），通过分析特征 X 射线的强度，对样品进行定点分析、线分析和面分析则可知样品中对应元素含量的多少（即定量分析）。

6.4.4 内部缺陷分析技术

材料表面缺陷与内部缺陷的存在是决定材料以何种方式循环利用的重要判定条件。传统的检测方法是用人工肉眼（或在放大镜下）观测材料，凭借经验来对缺陷进行检测。但肉眼识别有一定的局限性，缺陷的尺寸和形状变化很大，人工分类比较困难，而且肉眼很难检测到材料内部的缺陷。

1）射线照相法（RT）。是指用 X 射线或 γ 射线穿透试件，是最基本的、应用最广泛的无损检测方法。它可以获得缺陷的直观图像，定性准确，对长度、宽度尺寸的定量也比较准确，对体积型缺陷（气孔、夹渣、夹钨、烧穿、咬边、焊瘤、凹坑等）检出率很高，适宜检验厚度较薄的工件。

2）超声波检测（UT）。是通过超声波与试件相互作用，对试件进行宏观缺陷检测、几何特性测量、组织结构和力学性能变化的检测，适用于金属、非金属和复合材料等多种制件的无损检测，可对较大厚度范围内的试件内部缺陷进行检测。

3）磁粉检测（MT）。适用于检测铁磁性材料表面和近表面尺寸很小、间隙极窄（如可检测出长 0.1mm、宽为微米级的裂纹）。可对原材料、半成品、成品工件和在役的零部件进行检测，还可对板材、型材、管材、棒材、焊接件、铸件等进行检测。可发现裂纹、夹杂、发纹、白点、折叠、冷隔和疏松等缺陷。

4）渗透检测（PT）。可检测各种材料，如金属、非金属材料，磁性、非磁性材料，不适于检测多孔性疏松材料制成的工件和表面粗糙的工件。

第**7**章

材料回收与再利用技术

7.1 概述

废旧机电产品中大量无法再利用的零部件，如汽车座椅、洗衣机外壳等，只能作为材料进行回收利用。这种再利用并不是简单地将其还原为初级材料，而是要在综合利用的基础上找到一条最佳的路径，并尽可能减少对环境的影响。有些材料如高分子材料，考虑到其老化过程，也很难再还原到初始状态，如果能将其制备成替代性材料或者直接制造成新的产品，都是较好的优化再利用方式。

材料的回收处理过程一般包括破碎、分选、再生、再利用等不同的阶段，在具体处理过程中，应当根据待处理物料的具体物理化学特点来进行工艺的优化设计，在保证环保指标的前提下，选用先进的工艺路线和处理设备来进行物料的分选，并且尽可能在处理废旧物料的同时将其生产成替代性产品。

7.2 材料破碎技术

废旧固体材料回收处理的第一个环节是破碎，破碎设备作为常用的矿山设备已经形成系列化的产品结构。但是将这些矿山设备直接拿来用做废旧机电产品的材料回收存在着很多问题。必须根据废旧物料的具体特点，对这些矿山设备进行改造或重新设计，使之符合废旧物料的处理要求。破碎设备包括摆锤式破碎机、反击式破碎机、圆锥破碎机、多轴破碎机等，这里根据机电产品回收领域的应用特点，重点介绍摆锤式破碎机和双轴破碎机。

7.2.1 摆锤式破碎机

对于报废汽车类以钢铁材料为主要回收对象的破碎设备，多采用摆锤式破碎机。其功用是将形态各异的回收钢加工成符合特定要求的块或屑，以便为冶金生产提供合格炉料，或者是作为中间产品为后续生产提供原料。报废汽车金属材料破碎后的几何尺寸对其回收利用效果具有较大影响。下面具体介绍如何采用摆锤式破碎机对车身包块进行破碎处理，破碎主机如图 7-1

图 7-1 破碎主机

所示。

报废汽车在破碎分选过程中，整车外壳经过打包机打包压实后，形成一个打包块，经过撕碎后，被不断地传送到破碎机，最后在破碎机摆锤的轮流击打下不断被冲击破碎。摆锤式破碎机的工作原理如图7-2所示。图7-3所示为摆锤式破碎机主辊。

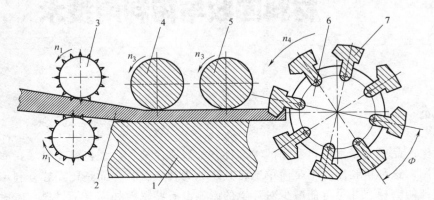

图 7-2 摆锤式破碎机的工作原理

1—铁砧 2—轻薄型回收金属 3—双辊压实机 4—预加工输送辊

5—破碎输送辊 6—主轴圆盘 7—破碎锤

众所周知，报废汽车回收破碎是一个多因素结合的随机过程。在摆锤式破碎机预加工输送辊作用下，轻薄型回收金属被刺穿而产生一系列所需形状和尺寸的孔洞，并伴随有金属表面微裂纹的扩展破损，这样的预处理为报废汽车回收金属的后续破碎提供了有利条件。经穿刺处理过的报废汽车不断被送入摆锤式破碎机工作腔内，在破碎工具——破碎锤和铁砧的持续作用下，有效实现回收金属的快速破碎解体。摆锤式破碎机可通过两种不同的途径来调节破碎锤的冲击能量，

图 7-3 摆锤式破碎机主辊

以获得不同的破碎效果。一种是在特定范围内调整破碎锤的速度；另一种是在设计允许的范围内任意增减破碎锤的配重。在破碎锤击打过程中，也可使报废汽车车壳金属与漆皮脱落，达到更好的分离效果。图7-4所示为典型的报废汽车金属的破碎模型。破碎后的废钢如图7-5所示。

7.2.2 双轴破碎机

双轴破碎机采用剪切和撕扯模式将物料加工成小颗粒，一般适合于处理废铝、塑料等塑性物料，也可以对废电冰箱等整体产品进行破碎处理，如图7-6、图7-7所示。

双轴破碎机采用电动机或液压马达驱动，特殊合金钢制作刀具，采用可编程逻辑控制器控制，遇到硬物可自动反转，出料尺寸可按用户要求设计。刀轴转速一般在 10~70r/min，通过减速器将电动机的高转速降为刀轴的低转速，所以低转速的双轴破碎机具有高转矩、节

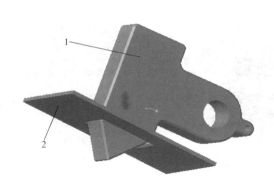

图 7-4 典型的报废汽车金属的破碎模型
1—破碎工具 2—试件

图 7-5 破碎后废钢颗粒

图 7-6 双轴破碎机

图 7-7 双轴破碎机内部结构

能、低噪声、低粉尘等特点。

7.3 材料分选技术

固体废物分选是实现固体废物资源化、减量化的重要手段，通过分选将有用材料充分选出来加以利用，将有害的材料充分分离出去；另一种是将不同粒度级别的废弃物加以分离，分选的基本原理是利用物料的某些特性方面的差异，将其分离开。例如，利用废弃物中的磁性和非磁性差别进行分离；利用粒径尺寸差别进行分离；利用比重差别进行分离等。根据不同性质，可设计制造各种机械对固体废弃物进行分选，分选包括手工捡选、筛选、重力分选、磁力分选、涡电流分选、光学分选等。

7.3.1 机械分选

（1）筛分 筛分设备中最常见的是滚筒筛，也叫转筒筛（图 7-8），筛面为带孔的圆柱形筒体或截头的圆锥体。筛网一般为冲击板，安装倾角 3°~5°。物料在滚筒筛中的运动有三种状态：

1）沉落状态。颗粒被圆周运动带起，滚落到向上运动的颗粒层表面。

2）抛落状态。筛筒转速足够高时，颗粒沿筒壁上升，沿抛物线轨迹落回筛底。

3）离心状态。转速进一步提高，颗粒附着在筒壁上不再落下，此转速称为临界转速。

物料处于抛落状态时效果最佳，一般物料在筒内滞留 25 ~ 30s，转速 5~6r/min时筛分效率最佳。

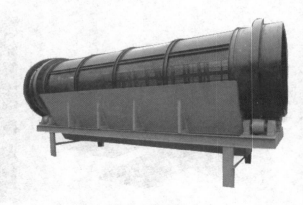

图 7-8　滚筒筛

（2）振动筛分　振动筛是依靠振动电动机所产生的振动工作的。

1）按照振动筛的物料运行轨迹可以分为：按直线运动轨迹运动的直线振动筛（物料在筛面上向前做直线运动）。按圆形运动轨迹运动的圆振动筛（物料在筛面上做圆形运动）。按往复式运动轨迹运动的精细筛分机（物料在筛面上向前做往复式运动）。

2）按照振动筛的型式可以分为：单轴振动筛和双轴振动筛。单轴振动筛是利用单不平衡重激振使筛箱振动，筛面倾斜，筛箱的运动轨迹一般为圆形或椭圆形。双轴振动筛是利用同步异向回转的双不平衡重激振，筛面水平或缓倾斜，筛箱的运动轨迹为直线。振动筛有惯性振动筛、偏心振动筛、自定中心振动筛和电磁振动筛等类型。

图 7-9　振动筛

其筛分原理是将颗粒大小不同的碎散物料群，多次通过均匀布孔的单层或多层筛面，分成若干不同级别的

过程，称为筛分。大于筛孔的颗粒留在筛面上，称为该筛面的筛上物，小于筛孔的颗粒透过筛孔，称为该筛面的筛下物。实际的筛分过程是：大量粒度大小不同、粗细混杂的碎散物料进入筛面后，只有一部分颗粒与筛面接触，由于筛箱的振动，筛上物料层被松散，使大颗粒本来就存在的间隙被进一步扩大，小颗粒乘机穿过间隙，转移到下层或运输机上。由于小颗粒间隙小，大颗粒并不能穿过，于是原来杂乱无章排列的颗粒群发生了分离，即按颗粒大小进行了分层，形成了小颗粒在下，大颗粒居上的排列规则。

7.3.2　电磁分选

（1）磁选磁力滚筒　又称磁滑轮，主要由磁滚筒和输送带组成。磁滚筒有永磁滚筒和电磁滚筒两种。

（2）涡电流分选　涡电流分选是一种有效的有色金属回收方法。它具有分选效果优良、适应性强、机械结构可靠、结构质量轻、斥力强（可调节）、分选效率高以及处理量大等优点，可使一些有色金属从电子废弃物中分离出来，在电子废弃物回收处理生产线中主要用于从混合物料中分选出铜和铝等非铁金属，也可在环境保护领域，特别是在非铁金属再生行业推广应用。当含有非磁导体金属（如铅、铜、锌等物质）的电子废弃物碎料以一定的速度通过一个交变磁场时，这些非磁导体碎屑中会产生感应涡流。由于物料流与磁场有一个相对运动的速度，从而对产生涡流的金属片、块有一个推力。利用此原理可使一些有色金属从混合物料流中分离出来。作用于金属上的推力取决于金属片、块的尺寸、形状和不规整的程度。分离推力的方向与磁场方向及物料流的方向均呈90°。斥力随废物的固有电阻、磁导率等特性及磁场密度的变化速度和大小而异。

（3）**静电分选** 废料由给料斗均匀输入辊筒上，随着辊筒的旋转，废物颗粒进入电场区，由于空间带有电荷，使导体和非导体颗粒都获得负电荷（与电极电性相反）。导体颗粒一面带电，一面又把电荷传给辊筒，其放电速度快。因此，当废物颗粒随着辊筒的旋转离开电场区进入静电场区时，导体颗粒的剩余电荷少，而非导体颗粒则因放电速度慢，致使剩余电荷多。导体颗粒进入静电场后不再继续获得负电荷，但仍继续放电，直至放完全部负电荷，并从辊筒上得到正电荷而被辊筒排斥，在电力、离心力和重力分力的综合作用下，其运动轨迹偏离辊筒，而在辊筒前方落下。偏向电极的静电引力作用更增大了导体颗粒的偏离程度。非导体颗粒由于有较多的剩余负电荷，将与辊筒相吸，被吸附在辊筒上，带到辊筒后方，被毛刷强制刷下，半导体颗粒的运动轨迹则介于导体与非导体颗粒之间，成为半导体产品落下，从而完成静电分选过程。

7.3.3 重力介质分选

（1）**风选** 又称气流分选，是最常用的一种按固体废物密度不同分离固体废物的分选方法。其原理为：以空气为分选介质，气流将轻物料向上带走或水平带向较远的地方，重物料沉降或抛出较近距离。通常分为"竖向气流分选"和"水平气流分选"。实质上包含两个过程：①分离出具有低密度、空气阻力大的轻质部分（提取物）和具有高密度、空气阻力小的重质部分（排出物）；②进一步将轻颗粒从气流中分离出来，常采用旋流器（除尘）。

通常从侧面水平送风，固体废物经破碎机破碎和滚筒筛筛分使其粒度均匀后，定量输入机内，当废物在机内下落时，被鼓风机鼓入的水平气流吹散，固体废物中各种组分沿着不同运动轨迹分别落入重质组分、中重质组分和轻质组分收集槽中。

（2）**浮选** 浮选是采矿分选领域中常见的一种处理技术，其原理是利用不同物料之间的密度差来起到分离的作用。为了能够连续生产，一般需要通过浮选设备来进行生产。在再生资源领域中，仍需要根据备选对象和杂质的特性，有针对性地设计和配置浮选剂，才能有效地分离目标物料。对废铝合金、废塑料等物料，都可以采用浮选的方式进行处理。

7.3.4 新型分选技术

（1）**光电分选** 光电分选是根据物料光学特性的差异，利用光电技术将颗粒物料中的异色颗粒自动分拣出来的设备。可以除去带有黑点或有颜色的粒状塑料的光电分选机，是最适用于粒状塑料精选的光电选别机。其可定量地通过传送带供给原料，在传送带输送过程中通过一系列的CCD照相机对次品实行瞬间的扫描，然后用高速喷嘴喷射出的压缩空气除去次品。尤其是采用了两段式的二次分选，可以得到高纯度、高品质的成品。采用此光电分选机，可以实现高品质。

光电分选机的工作原理：采用数码摄像头。可去除小至 0.14mm 的微小杂质。可以选别各种杂质包括透明玻璃、塑料等。如 NANTA 系列光电分选机每 32 个通道采用 2 个 CCD 摄像头进行双面识别，可精准的识别不良米糠。采用 100% 的数码信号，新式 4mm 小口径空气枪（1500 次/秒），喷射准确无误。内有数控仪、波型测定仪、电压表、电流表、温度测定表，使用方便操作简单。全新开发的软件大大增强色选效果。并采用 U 型滑道，提高色选精度，还可降低带出比。滑道装有加热板，避免米糠粘在滑道，影响物料正常下流。人性化的真彩色触摸屏，视觉效果清晰，操作简易。

（2）**近红外分选** 近红外分选是利用物体选择性地吸收不同波长的光线的原理来实现的。利用近红外光谱检测出缺失的波长。例如 REDWAVE 近红外光学分选设备能成功探测 1400μm 至 1900μm 范围内的波长，在这个范围内 REDWAVE 能获取对原料反射光的 256 种测量值，利用波谱测定仪就可以完成对反射光的分析。高分子材料 PET、PVC、HDPE 具有不同的波长曲线。通过不同材质物质表现出来的不同

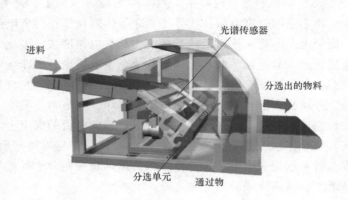

图 7-10　近红外分选机工作原理

波长曲线，REDWAVE 就能对不同材质的原料进行分离。设备的工作原理如图 7-10 所示。

7.4　材料再生与再利用

7.4.1　黑色金属的再生与再利用

回收 1 吨废钢铁可炼得好钢 0.9 吨，与用矿石冶炼相比，可节约成本 47%，同时还可减少空气污染、水污染和固体废弃物。废钢资源的有效利用可以从根本上解决钢铁生产的污染问题，形成绿色生态产业，使之成为新的经济增长点。

废旧钢铁的主要用途是回炉炼钢，它是炼钢生产的重要原料。生铁末和氧化铁皮还是化工产品和粉末冶金的主要原料。此外，废旧钢铁有的可以用于生产轻工产品和大小农具，有的也可以用于维修等。总之，要本着合理使用，物尽其用的原则，充分、合理地利用废旧钢铁资源。

1）回炉炼钢。废旧钢铁是炼钢的好原料。根据冶炼方法的不同使用的废旧钢铁也不同，废旧钢铁的配比也不一样。平炉废钢比的最高水平为 27.6%，转炉为 14.8%，电炉在 80% 以上。各种炼钢方法的综合废钢比约为 40%。炼钢中废钢比越大，生产成本越低。对回炉炼钢使用的废钢铁，有严格的质量要求，按炉型和冶炼钢种，要求把碳素钢与合金钢

分开。

2）生产中小农具及轻工产品。本着"先利用，后回炉"的原则，应该把废旧钢铁中可以直接利用的残次钢材和边角余料挑选出来。这些残次钢材和边角余料可以替代好钢材用以生产中小农具及轻工产品。使用残次钢材及边角余料，价格便宜，生产成本低，而且可以就地取材，就地供应，节省人力、物力。

3）粉末冶金，化工用料。在轧钢、拉拔、锻造等生产过程中，会产生大量的氧化铁皮（即铁鳞），除了用于炼钢造渣剂外，还用于粉末冶金工业作生产原料，制造轴承套、齿轮、轴瓦、刹车片、机械零件等。生铁末除用于炼钢、铸造外，还用于生产颜料的还原剂。但对质量要求较严、不能混有钢屑或其他杂质，无氧化结块，不带油脂等。

7.4.2 有色金属的再生与再利用

当前，大量的汽车、机电产品等更新换代的速度日益提高，每年都有大量的废旧金属产生。尤其是有色金属，在矿产资源日益紧缺的背景下，如果将它们加以处理，使之能够成为新的原料资源，将会对有色金属制造业的发展产生非常积极的促进作用。中国有色金属工业协会根据2003年坑采、露采、冶炼过程进行分析、计算，结果表明：废金属的拆解、利用，每生产1吨再生铜相当于节约3.3吨标煤、节水734吨、减少固体废弃物排放420.5吨、减少SO_2排放0.14吨；根据氧化铝冶炼-铝电解-铸造全过程分析、计算，废金属拆解、利用，每生产1吨再生铝相当于节能7674吨标煤、节水15吨、减少固体废弃物排放64吨、减少废气排放19吨。再生铜、再生铝的综合能耗分别只是原生金属的18%、4.5%。可见，树立可持续发展的观念、加强垃圾的分类处理、回收并循环利用废旧有色金属有着巨大的经济效益和社会效益。

1. 废铝再生与再利用

在当前的结构材料中，铝的可回收性是最高的。西方发达国家对废铝再生行业的发展是极为重视的，大多数国家的再生铝产量都要占到整个铝加工总量的50%以上。其中德国为50.6%，美国为52.4%，意大利为75.6%，日本则达到了99.5%。显然，再生铝已成为世界铝工业可持续发展的一种必然趋势。

废铝再生（图7-11）与原铝生产（图7-12）工艺相比，其最大的特点在于其原料是回收来的废铝零件、生产边角料、建筑铝材、包装用铝、废铝线缆等。目前废铝原料的回收过程大都是不规范的，即在回收过程中基本上没有对不同铝合金的原料进行有效的分类，包括进口的废铝原料，同样是混杂严重的不同化学成分原料的混合体；同时回收的铝合金零件中很多都是与铁、铜等其他金属的组合体或者是复合产品，因此原料中大都含有较多的非铝元素，如铁的含量一般会达到0.8%，硅的含量可以达到4%，铜的含量也都超过1%；因此，废铝原料经熔炼、铸锭以及变形加工等常规生产工艺难以生产出化学成分符合标准要求的铝合金产品，特别是对铁、硅等要求更为严格的变形铝合金。废铝原料混杂程度比较高的另外一种体现就是废铝原料表面往往带有一定的保护膜等，这些有机质如塑料类物质的带入也会污染铝合金熔体，造成大量的铸造缺陷。因此到目前为止，废铝再生的主要产品是铸件，一些大型再生铝企业的产品目标也仅仅定位于为高性能压铸产品提供初级产品。

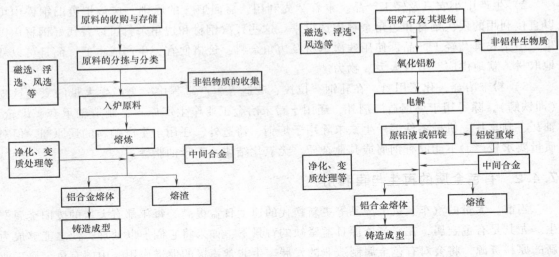

图 7-11　废铝再生工艺流程图　　　　图 7-12　原铝生产工艺流程图

（1）化学成分的良好控制是废铝再生生产高性能产品的基础　结合废铝再生的原料来源及其生产工艺特征，欲通过废铝再生获取高附加值铝合金产品，主要难度就在于化学成分的控制。在此问题上，目前一个普遍的主导思想是将原料单一化，即对废铝原料进行彻底的分类与处理，使原料入炉前能够达到相对高的纯度。这样就需要对废铝原料进行有效的预处理，以实现如下三个目的：①尽可能多的将废杂铝原料中掺杂的其他金属杂质分离出去，如铁质、铜质等。②能够将原料中的铝按成分进行分类，减少夹杂元素的产生。③清除表面涂层材料、油污等，避免对铝合金熔炼产生的污染。

1）废旧金属的分类回收与管理。原料的分类回收是实现原料纯净化的第一个环节。主要措施包括：①单一品种废铝原料应单独回收并提供给对应的专业生产厂商。②对不同使用领域的废铝原料进行分类收集。③对镶嵌件单独收集，集中处理。

发达国家已经形成了完善的废杂铝收集与管理系统，它们通过国家行政立法、规范行业行为以及制造业与流通业的物流管理体系，提高废铝原料分类收集的效率。如美国每年 50多万吨的易拉罐生产原料，大都来自于制罐厂的边角废料和回收旧罐。

但受限于各种客观条件，我国并没有形成科学的回收体系。很多废旧物资回收加工企业还在采用非常原始的方法，阻碍了废铝原料回收利用的发展进程；在拆解环节，还存在拆解场点分散零乱、拆解设施简陋、拆解方式落后的现象；在再生环节中的回收、贮运、分选、预处理以及冶炼加工过程还处于粗放经营管理的水平上，先进的设备和生产工艺应用程度不高，环保设施不配套，缺乏基本的检测手段，导致产业层次不高。

2）研发推广先进的废铝原料分拣与分选技术。提高废铝再生深加工能力，生产高附加值产品是世界各国共同追求的目标。欲获得高质量的再生铝产品，废铝原料的预处理就成为再生铝生产中非常关键的一个环节。

废铝表面的油污可以用洗涤剂等进行去除，难点在于表面漆膜的清除。表面漆膜是以有机烃类为粘结剂、以二氧化钛为主要成分的化工漆料，与铝合金基体材料结合紧密，难以通过清洗等方法去除。目前国内外主要采用干法、湿法以及机械打磨法来去除表面漆膜。①回转窑法是常用的表面漆膜干法处理工艺，将废铝原料装入回转窑中，回转窑以一定速度旋转并进行加热，表面漆层在较高温度下逐渐炭化；在物料的相互撞击与摩擦作用下，炭化物从铝合金表面脱落。其优点是热效率高，但可能会造成铝的烧损。②湿法处理是将废铝原料浸泡于化学溶剂中，利用有机物"相似相溶"原理，将表面漆膜内的有机粘结剂溶解于有机溶剂中，使漆膜从铝合金基体表面脱落。将有机溶剂与无机酸按照一定比例组合而成的复合溶剂，可以大大缩短浸泡时间，而且表面漆膜可以在无需搅拌等辅助工艺的条件下实现整块剥落，一方面有利于表面漆料的回收利用，而且溶剂受到的污染较小，可以再次使用。③机械打磨是较为原始的工艺方法，即用砂纸打磨的方法除去易拉罐表面的漆膜，但打磨处理并不能完全除掉漆层，而且打磨过程也会造成内层铝合金的损耗。

目前先进的废杂铝预处理技术主要有：①风选法或浮选法，利用密度或溶解性能等分离非铝夹杂物，主要用于分离废纸、废塑料和尘土。②磁选法，主要用于分离废铝中的废钢铁等磁性材料。③抛物分选法、涡流分离技术以及静电法，均为利用废铝原料中不同材料间的物理性能差异，施加外力将不同金属抛出至不同的位置而达到分选的目的。以上工艺方法，可以将铝和其他非铝杂质材料进行有效的分离。近年来国外开发出很多新的技术，试图将废铝原料中的纯铝、铸铝、变形铝等按照各自的成分进行分类。如颜色分类技术，即对废铝原料进行化学腐蚀，不同成分的合金经腐蚀后所呈现出来的颜色不同。成分分析技术，即将成分分析手段引入到材料分拣领域，如 X 射线荧光分析技术（XRF）、光发射光谱分析技术（OES）以及激光诱发击穿光谱分析技术（LIBS）等，可以使材料的区分更加精确。

基于变形铝合金的强度与韧性都比铸造铝合金高，而铸造铝合金大部分脆性较大的特点，可以采用压力破碎分离变形铝合金与铸造铝合金的工艺方法，即利用铸造铝合金强度较低、塑性差的特性，对废铝原料施加足够压力，使其中的铸造铝合金破碎为小块，通过筛分将其分离出去。考虑到废铝原料中铸造铝的种类较多，也存在一定的差异，所以需要采用多级压力破碎铸造铝的工艺，其工艺原理如图 7-13 所示。

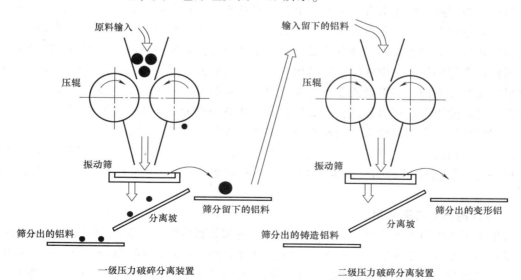

图 7-13　压力破碎法分离铸造铝与变形铝原料的工艺原理

由再生铝材料研究专家袁晓东主导设计的再生废铝综合预处理成套设备，采用了二步法气化熔融技术，将再生铝原料在还原性气氛和一定温度的条件下进行气化，可回收洁净的铝金属。而其中的可燃、易燃有机物则变成可燃气体作为燃料回用，同时还可以对可燃、有毒气体继续进一步热解，扼制了二噁英的形成，减轻了对环境的危害。

（2）杂质元素分离技术是废铝再生高性能产品的关键技术之一　再生铝生产过程中，通过熔体处理将非铝杂质元素进行去除或有效控制，是实现废铝再生产品升级换代的基础手段。因此世界各国都对非铝杂质元素的分离技术非常重视。目前主要的手段包括：①稀释法，即在废铝熔炼过程中加入一定数量的纯铝锭，以此降低熔体中夹杂元素的含量。这种方法需要消耗大量的纯铝锭，使成本大大提升。②沉降法，即通过重力、离心法或电磁分离的形式将夹杂元素形成的合金相，利用其比重的不同沉积到熔炼炉的某个部位而实现收集，使夹杂元素分离出去。目前对铝熔体含量较高的铁、铬、锰等合金元素有一定成效。③熔体过热法或变质处理，可以改变某些夹杂元素合金相的形态，如抑制针状或片状铁相的形成，而生成汉字状或其他形状的 α 铁相，消除其对铝合金性能的不利影响。④熔剂法，即向高温废铝熔体中加入熔剂，利用熔剂与熔体中的夹杂元素发生化学反应，生成熔点高、密度与铝合金液体有一定差异的固体相，再通过清渣、过滤或沉降法将固体相分离出去，达到降低夹杂元素含量的目的。目前在除镁和除铁等方面有所应用。

例如孙德勤等开展的由硼砂、硫磺、氯化锰等组成复合熔剂加入到废铝熔体中去除铁元素的工艺研究，尝试了熔剂组分、加入量、反应时间等不同工艺参数条件下的除铁元素试验，在以下工艺条件下可以获得 30% 的除铁率：硼砂、硫磺和氯化锰的组成比例为 2∶1∶1；熔剂加入量为 1% 左右；熔剂加入后保持 30min 左右。目前该项目研究已取得国家发明专利授权 2 项。

同时开展的还有复合熔剂法去除硅元素的研究。选取 $CaCl_2$，$MnCl_2$，活性碳三种组分按照 2∶1∶1 配比混合组成的复合熔剂，其最大除硅率超过 10%；工艺参数为：采用喷粉处理法加入熔剂；熔剂加入量为 1% 左右；熔剂加入后保持 30min 左右。

另外一种消除非铝元素有害作用的手段是通过改进非铝夹杂元素，如铁、硅等元素的析出行为与分布状态，实现颗粒细小、形状规则、分布均匀，在铝合金基体上形成弥散分布的强化相，相当于形成了富铁、硅等元素的析出相强化的铝基复合材料。如国内开展的废旧再生车用铝合金零部件工艺中铁元素析出相改性机制的研究，通过研究：①富铁析出强化相的化学组成及合成原理。②熔剂法获得富铁析出强化相的反应机理与工艺原理。③凝固控制与热处理制度对改善富铁析出强化相的形貌与分布状态的影响等，来改变富铁析出相、析出形貌和分布状态等，实现富铁析出相在铝合金基体上弥散分布，达到富铁析出相强化铝基复合材料的目的。通过项目的开展，可以实现废铝再生产品中基本消除粗大片状富铁析出相的产生，材料的性能指标得到明显提高，材料的抗拉强度提高 30% 以上，冲击韧性提高 50% 以上。

2. 废铜的再生与再利用

可用于再生的铜资源主要有两大类：第一大类称为新资源，主要是指工业生产过程中产生的残次品、废品、边角料等，这种"废料"可以分清铜及合金的牌号，可以由相应的铜加工厂对口回收。第二类铜资源称之为旧资源，是各类工业产品、设备、备件中的铜制品。

中国是铜资源短缺的国家，但又是世界上铜消费量最大的国家，再生铜的回收利用极大地弥补了中国市场对铜的需求。随着未来各行业用铜量的不断增加，再生铜产业的比重还会逐步上升。但是，中国再生铜循环利用的水平与国外相比有很大的差距。目前我国生产再生铜的方法主要有两类：第一类是将废杂铜直接熔炼成不同牌号的铜合金或精铜，所以又称直接利用法；第二类是将杂铜先经火法处理铸成阳极铜，然后电解精炼成电解铜并在电解过程中回收其他有价元素。用第二类方法处理含铜废料时，通常又有 3 种不同的流程，即一段法、二段法和三段法。一段法主要针对高品位废杂铜，一般指含铜 90%以上，可采用火法精炼炉直接精炼成阳极铜。二段法或三段法工艺主要针对低品位废杂铜料，一般为含铜在90%以下的废杂铜、电子废料和含铜较高的炉渣等。

随着再生铜产业化和再生技术的发展，再生铜生产已向机械化、连续化、自动化方向发展，国外发达国家已出现了家电、电子元件、热交换器等重要再生铜品种的废杂铜产业链（图 7-14）。江钨控股集团赣州江钨新型合金材料有限公司与上海电缆研究所等单位合作，研制成功了工艺先进的废杂铜直接制杆生产线，具有强化冶炼、高效除杂、绿色环保、低能耗的显著特点。另外，也有通过原料预处理等工艺方法处理废杂铜，以获取优质铜及铜合金的相关研究，如发明专利：废杂黄铜再生连铸优质黄铜合金方法（专利号：ZL201110075797.8），发明专利：一种废杂铜电积制备高纯铜的方法（专利号：ZL201410191830.7）等。

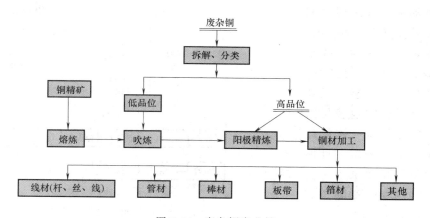

图 7-14 废杂铜产业链

结合国外再生铜冶炼技术发展历程和现状，中国未来再生铜冶炼技术的发展主要侧重于以下几个方面：①中、高品位废杂铜混合一段法精炼技术。②大规模处理低品位铜料的技术和装备。③再生铜伴生金属的综合回收技术。④高品位废杂铜直接生产火法精炼铜杆技术等。

3. 废锌再生技术

锌是我国有色金属四大品种之一。近些年随着炼锌技术不断提升，锌原料消耗巨大，锌矿资源越采越少，金属锌面临着原料供应短缺的局面。二次锌资源的冶金技术主要包括火法冶炼和湿法冶炼。在工业发达国家及一些资源短缺国家，如日本、德国等再生锌产业已经相当成熟和完善，锌回收技术也居世界前列。

目前我国再生锌企业不过几百家。且大部分企业规模小、产量少、产品质量低下、分布散乱、能耗高、环保差。一方面是由于锌产业比较特殊，用途分散；另一方面是对再生锌产业没有给予足够的重视。到目前为止，对于在国外处理技术和工艺都很成熟的电弧钢铁烟尘回收利用，我国长期以来一直没有给予关注和重视，50吨以上的电炉虽有收尘系统，但也只是收集，并不处理；50吨以下的小电炉连收尘系统都没有。

在未来几年国内外锌的销量将保持平稳增长，然而由于世界几个重要的锌矿闭矿，锌精矿的市场供应将转向短缺。这对于再生锌产业的发展是重大的利好，现阶段再生产企业应积极迎合国家政策、整合资源、进行产业升级，以期在未来几年迅速做大做强。

7.4.3 非金属材料的再利用

1. 废塑料的再生与再利用

再生法是指将废旧塑料重新熔化再制成低价值的再生塑料。根据原料的性质，废塑料再利用可分为简单再生利用和复合再生利用两大类。简单再生利用是把单一品种的废塑料直接循环回收利用或经过简单加工后加以利用。简单再生所回收的废塑料的特点是比较干净，成分比较单一。采用比较简单的工艺和装备即可回收到性质良好的再生塑料，其性能与新料相差不多，在很大程度上可以作为新料使用。复合再生利用是以混合废料为原料，再掺加其他配料的利用方式。几乎所有热塑性废塑料，甚至混合少量热固性废塑料都可以再生回收利用。一般来说，复合再生塑料的性质不稳定，易变脆，故常被用来制备较低档次的产品，如建材、填料、垃圾袋、微孔凉鞋、雨衣及器械的包装材料等。由于在循环的每一连续环节都进一步降低了塑料的性能和价值，此种回收技术也称为"下循环"，有约20%塑料废弃物能采用此法（图7-15）。

再生所用的报废汽车塑料在造粒前必须经过分选、清洗、

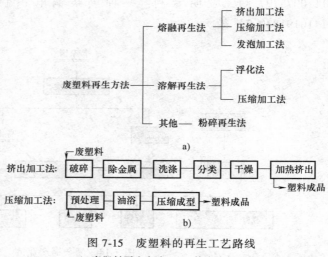

图7-15 废塑料的再生工艺路线

a）废塑料再生方法 b）挤出法与压缩法

破碎和干燥等预处理工序。目前报废汽车塑料的资源化应用包括物质再生和能量再生两大类，主要采用熔融加工、直接成型加工、溶解再生、改性、气化、化学解聚、热解油化、催化裂解、氢化等技术。目前塑料的回收再生利用技术见表7-1。

表7-1 塑料的回收再生利用技术

回收利用形式	生产过程/原理	用途	备注
熔融再生	清洗-粉碎-熔融-造粒	农业、渔业、建筑业、工业和日用品	适用于热塑性塑料
改性利用	在熔融造粒过程中加入各类增韧、增强、填充剂进行物理改性。通过接枝、共聚等方法在分子链引入其他链节和功能团，或通过交联剂等进行交联，或通过成核剂、发泡剂进行化学改性		

（续）

回收利用形式	生产过程/原理	用途	备注
粉碎	分选-清洗-破碎	作为填料使用	可用于热固性塑料
炭化	分选-清洗-破碎-炭化-后处理	生产活性炭	大多塑料都适用
热裂解	热裂解的技术原理是,将废旧塑料制品中的原树脂高聚物进行较彻底的大分子链分解,使其回到低摩尔质量状态,从而获得使用价值高的产品。不同品种塑料的热分解机理和热分解产物不同	化工原料和燃料	该技术是对废旧塑料较彻底的回收再利用技术。分为高温裂解和催化低温分解两种,目前催化低温分解研究较活跃,并取得了一定进展
化学分解	化学分解是将废弃塑料水解或醇解,使其分解成单体或低相对分子质量物质,重新成为高分子合成的原料	化工原料	对废旧塑料清洁度、品种均匀性和分解时所用试剂要求较高,不适合处理混杂性废旧塑料
能量回收	燃烧提供能量	热能	大多塑料都适用

对于具体的塑料零部件，根据其材料特性和结构的不同，应该采用与其特点相对应的再生和再利用方法，以报废汽车上的塑料零部件为例，可以采用符合经济价值的再利用策略。

（1）**保险杠的再生技术** 报废汽车保险杠再生利用的关键是表面涂膜的剥离技术。现使用的大部分保险杠表面具有涂装漆膜，在回收再利用过程中如不除掉涂膜，涂装微粒对保险杠回收料的伸长率等物理力学性能将造成严重影响。最初使用以碱性水溶液为基础的溶剂将保险杠表面的涂膜变软，然后在水中进行激烈搅拌来清除表面涂膜。为提高效率和减少污染，又开发了机械剥离法，该方法不使用化学制剂去膜，成本降为原来的1/5，使保险杠的大量再生利用得以实现。

（2）**仪表板的再生技术** 仪表板因涉及多种材料而成为汽车上最难回收的零件之一。如何分选材料，使材料数量趋于最小值和把可分离性增加到最大限度，是经济有效地回收仪表板的关键。目前使用的仪表板可分为硬质仪表板和软质仪表板两种。硬质仪表板一般在轻、小型货车上使用，经一次注塑成型。软质仪表板由表皮、骨架材料以及缓冲材料等组成；骨架材料主要由 PC/ABSC 材料或者改性 PP 等构成。表皮材料多采用 PVC/ABS 合金材料。但是这几类材料构成的仪表板，其再生利用极为困难。为了便于回收利用，正在发展热塑性聚烯烃表皮（TPO）、聚丙烯骨架和聚丙烯泡沫塑料组成的仪表板。欧宝 Vetra Ⅱ 型车上已装用 TPO 仪表板 50 万套。

（3）**座椅** 座椅上使用的塑料材料主要有表皮、骨架和缓冲垫。表皮材料有 PVC 人造革、各种化纤纺织品、真皮和人工皮等。座椅缓冲材料为模压发泡的软质高弹性聚氨酯（PU），其地位暂时还没有其他发泡材料所能代替。座椅的骨架材料逐渐用 GMT 材料取代了钢铁材料。

聚氨酯的回收利用主要有物理回收、化学回收和能量回收。物理回收主要是将其作为填料或者是利用热压成型法将 PU 废料压制成成品或半成品，并应用于对断裂伸长率及表面性能要求不高的领域，如车轮罩、挡泥板等客车部件。化学回收是将 PU 材料降解成低分子量的成分，再结合成相同或不同类型的高分子量的材料。能量回收就是将 PU 废料粉碎成细粒，作为燃料代替煤、油和天然气回收能量。

皮革主要用于座椅面料、仪表板表皮、方向盘与门内护板表皮等部位。各类纤维的废弃物回收加工都有成熟的技术。对于天然纤维一般是将废弃物机械分解成纤维状再进行纯纺或混纺，最后织成织物。随着非织造技术、转杯纺和摩擦纺等新技术的问世，植物纤维也可用作非织造布原料或经处理后用作粘胶纤维及造纸原料。合成纤维与天然纤维不同，天然纤维基本上没有环境问题，而合成纤维的生产耗用大量的石油资源，同时排出二氧化碳及废水废渣等，废弃物需要几十年甚至上百年才能降解，会带来较大的环境问题。

2. 废橡胶的回收与再利用技术

橡胶占汽车用材料总质量的 5%，每辆车上多达 400~500 个橡胶件，包括减振零件、软管、密封条、油封和传动带等，而轮胎是汽车中橡胶用量最多的产品。报废汽车轮胎被称为"黑色污染"，其回收利用技术一直是世界性难题，也是环境保护的难题。在 20 世纪末，世界各国最普遍的做法是将报废汽车轮胎掩埋或堆放，但大量堆积容易造成火灾隐患和孳生病菌，且土地资源日益紧张，这种不当处置带来的环保压力也越来越大。

目前，处理和利用报废汽车轮胎主要有两大途径：一是旧轮胎翻新；二是报废轮胎的综合利用，包括生产胶粉、再生胶、建筑材料和热能利用等。

（1）轮胎翻新技术 大多数旧轮胎的胎面被磨损或破坏而胎体基本完好。翻新就是将已经磨损的旧轮胎的外层削去，粘贴上胶料，再进行硫化后重新使用。翻新轮胎可以按照新胎同样的设计速度行驶，在安全性和舒适程度上不亚于新胎，是目前发达国家处理旧轮胎的主要方式。

传统的轮胎翻新方式是将混合胶粘在经磨锉的轮胎胎体上，然后放入固定尺寸的钢质模型内，经过高温（150℃以上）硫化的加工方法，俗称热翻新或热硫化法。热翻新法只能翻新斜交胎，不能翻新子午线钢丝胎，且热翻新轮胎很容易出现新旧材料脱层的现象，在美国、法国、日本等发达国家已逐渐被淘汰。

一种由意大利马朗贡尼（Marangonp）集团研发的预硫化翻新（俗称冷翻新）技术已经在发达国家成功应用。冷翻新法是将预先经过高温硫化而成的花纹胎面胶粘在经过磨锉的轮胎胎体上，然后安装在充气轮辋上，经相应处理后，置入温度为 100℃以上的硫化室内进一步硫化翻新。冷翻新轮胎由于采用的是两步硫化，所需温度远低于热翻新法，新旧材料结合牢固，不会脱层，而且经过高压硫化的胎面结实耐用。这项技术可确保轮胎更耐用，并提高每个轮胎的翻新次数，使轮胎的行驶里程更长，平衡性更好，使用更安全。

（2）报废轮胎综合利用技术 报废轮胎的综合利用方式见表7-2。

表7-2 报废轮胎的综合利用方式

利用方式	生产工艺	特点	应用
胶粉	常温粉碎法、低温冷冻粉碎法、水冲击法等	无须脱硫,能耗较少,工艺简单	制造橡胶制品、沥青、防水卷材、彩色地砖、防腐料等
再生胶	经粉碎、加热、机械处理后再硫化、低温相转移催化脱硫法、微波再生法等	能耗较高、生产效率低,工艺流程长,环境污染严重	用作橡胶工业原材料,应用逐渐萎缩
建筑材料	切成碎片	单位体积重量小,减少地基沉降,增强整体稳定性	用作填料或制成橡胶土,广泛应用于土木工程

（续）

利用方式	生产工艺	特点	应用
原形改制	捆绑、裁剪、冲切等方式	直接利用,方便、简洁	用作码头和船舶的护舷、漂浮灯塔、公路的防护栏等
热能利用	破碎后按一定比例与各种可燃废旧物混合,配制成固体垃圾燃料	工艺简单、设备投资少,但产生大气污染	代替煤、油和焦炭供高炉喷吹,作烧水泥的燃料等
热裂解	高温加热,促使报废轮胎分解成油、可燃气体、碳粉	产物丰富,能得到充分利用	油、可燃气体可作燃料使用、碳粉可制成特种吸附剂

通过生产胶粉来回收报废轮胎是集环保与资源再利用于一体的有效方式,也是发展循环经济的最佳利用形式,这是发达国家摒弃再生胶生产,将报废轮胎回收利用的重点由再生胶转向胶粉和开辟其他利用领域的根源。

通过原形改制将报废轮胎改造成可利用的物品,是一种非常有价值的回收利用方法,且不需要高深技术,实行起来比较容易。但该方法消耗的报废轮胎量并不大,用途难以扩展,只能当作一种辅助途径。

报废轮胎是一种高热值材料,热能利用是目前能够大量消耗报废轮胎的主要途径,但直接燃烧会产生空气污染,不值得提倡。报废轮胎经过热裂解可提取具有高热值的燃料气、富含芳烃的油以及炭黑等有价值的化学产品,是报废轮胎回收利用的一种新途径。

3. 废玻璃的回收利用技术

以报废汽车为例,目前大部分汽车拆解厂拆解下来的玻璃都被遗弃,没有得到充分有效的利用。报废汽车玻璃作为可持续利用的再生资源,其大量废弃不仅浪费了宝贵的能源,还对土壤、地下水等造成新的危害。汽车拆解后,汽车玻璃经检验如无破碎或只有少量磨损,可以经过简单的处理或无痕修补直接进行复用。再使用是最理想的回收利用方式,以报废汽车为例,目前大部分汽车拆解厂拆卸下来的玻璃都被遗弃,没有得到充分有效的利用。报废汽车玻璃作为可持续利用的再生资源,其大量废弃不仅浪费了宝贵的能源,还对土壤、地下水等造成新的危害。汽车拆解后,汽车玻璃经检验如无破碎或只有少量磨损,可以经过简单的处理或无痕修补后直接进行复用。对挡风玻璃进行无损拆解,并经过检测合格以后重新加以利用是一种较为理想的模式,但是该方法应当确保拆解的效率和成本。目前国内已经开发了专用的挡风玻璃自动化无损拆解装备来解决这一问题并获得了相关专利授权（专利号:ZL201410486512.3）。

报废汽车玻璃的回收利用方式分为两大类:一是直接再利用,即将处理加工后的碎玻璃作为原料投入玻璃熔窑中生产平板玻璃或瓶罐器皿玻璃;另一种是间接再利用,即利用报废汽车玻璃生产其他产品。

（1）**直接再利用** 由于用报废汽车玻璃制造的二次产品的技术性能一般都低于一次产品,所以它们主要用于制造各种对质量要求相对较低的玻璃瓶罐、器皿或其他玻璃制品。报废汽车玻璃拆解后,经压碎、分拣、清洗、干燥、粉碎等预处理工艺制成玻璃粉,加入到原材料中,可以降低生产成本、节能降耗、延长窑炉的使用寿命、改善熔炼效率。

若直接再利用报废汽车玻璃生产玻璃产品,首先必须经过严格的热处理工序,对碎玻璃进行分色分拣（主要通过光学传感,用压缩空气进行分拣）。目前国内废平板玻璃主要用于生产平拉和压延、压花玻璃,很少用来生产高质量的浮法玻璃。

（2）**间接再利用** 报废汽车玻璃可广泛用于生产玻璃绝缘子、玻璃道钉、玻璃微珠、建筑和装饰材料等，还可用来生产玻璃弹珠、玻璃棉，也可作为塑料、橡胶及颜料的添加剂等，见表 7-3。

汽车上现在广泛采用夹层玻璃（两层普通玻璃中间夹有一层高分子聚合物层）以增加玻璃的安全性。这种夹层玻璃的回收可将其加热到中间聚合物的软化温度，从而将玻璃和高聚物分开后再分别回收。也可用于制砖工业，因为玻璃可以替代砖中的石英砂，聚合物可以替代锯末、纸浆或其他可燃材料，在砖上形成空洞以达到隔热的效果。试验证明，如果加入适量的玻璃和聚合物，可以降低制砖过程的能耗，同时改善砖的微结构，使砖的密度减小而强度提高，从而改善砖的性能。近年来，随着人们日益重视汽车安全性和追求美观，汽车上应用了彩色玻璃、吸光玻璃、有机涂层和塑料玻璃、树脂玻璃等，由于这些玻璃的组成与传统玻璃不完全一致，其回收的难度也在进一步加大。

表 7-3 报废汽车玻璃的间接再利用方式

间接再利用产品	特点和用途
高压线路玻璃绝缘子	具有质量轻、能耗与成本低、使用寿命长、耐污性好等特点，能减轻高压输电线路跳闸停电的概率
高速公路用玻璃道钉	具有耐磨、耐压、无须更换等特点，其强烈的反光作用使驾驶员能够随时察觉路面的交通状况
玻璃微珠	空心玻璃微珠热力学稳定性、化学稳定性好、强度高、不易变形、比表面积大、负载与分离性能好，被广泛用于催化剂的载体；实心玻璃微珠由于具有高折射性能，可用于制作道路的标线、广告标牌、电影屏幕等
U 型玻璃	具有很好的透光性、隔热性、保温性和较高的机械强度，用途广泛、施工简单，可替代轻金属型材
空心玻璃砖	具有独特的建筑与装饰效果，广泛应用于宾馆、写字楼、图书馆及高档住宅
泡沫玻璃	密度小、强度高、导热系数小、化学稳定性好，具有保温、隔热、吸声、防潮、防火等性能，广泛应用于高温隔热、低温保冷、防潮工程、吸声工程等领域
墙体及装饰板材	无毒、防火、纹理和花色繁多、装饰效果好，而生产成本约为普通天然石材的 60%。生产工艺简单，碎玻璃的利用率为 95%，是一种高附加值、绿色环保的建筑装饰材料
微晶玻璃	对废弃碎玻璃的利用率较低，生产成本和销售价格高，仅用于少量高档建筑物的外装饰
混凝土砂浆主要骨料	碎玻璃颗粒形状的不规则性可使混凝土砂浆在搅拌混合过程中保持足够的水分，有利于混合的均匀性，同时砂浆中的碎玻璃颗粒之间可以形成网状结构，大大降低砂浆在浇注后各骨料之间产生的分层现象，能明显提高混凝土的强度

4. 废线路板的回收与处理

作为电子系统产品之母的印刷线路板（PCB）是电子工业的基础，是各类电子产品中不可缺少的关键电子互联件。随着电脑、家用电器等电子产品的大量生产和越来越短的报废周期，废弃 PCB 的数量也在急剧增加。

废弃 PCB 中金属材料的回收再利用技术已经发展得比较成熟，但其中非金属材料的再生利用问题却迟迟得不到解决，很大一部分被当作垃圾丢弃、焚烧或掩埋，尤其是 PCB 中占据主要组分的热固性塑料，如发泡聚氨酯（PUR）、玻璃纤维（GF）、增强环氧树脂（EP）等则因为稳定性高、不易软化等特点难以回收，这是亟待解决的重大难题。

目前，对废弃热固性塑料的处理方法主要基于其热稳定性好，经过特定的化学处理后能承受较高的热力学条件和苛刻的环境条件，将材料制成粉末后可作为填料加入到树脂中以改善树脂力学性能或降低树脂的生产成本，或作为改性剂增强沥青，也可作为原料投入到建筑材料中（图 7-16）。

（1）**非金属粉末用于热固性塑料及其复合材料** 废弃线路板中非金属粉末可以加入到

热固性塑料中以降低其生产成本。这种将废弃 PCB 制成粉末，作为复合材料的原材料，加入到新的复合材料制品中，进而形成原料-产品-原料的封闭循环，是废弃材料资源化利用方式的最高层次。

目前相关的研究与工程应用技术包括：①以废弃 PCB 回收处理过程中得到的非金属粉末作为增强填料，采用模压成型的方法制备不饱和聚酯复合材料，其力学性能远大于仅用非金属粉末作为增强体的力学性能。②将废弃 PCB 回收的非金属粉末作为增强填料，与基体、其他填料和增稠剂按照一定的比例混合，经过模压成型，最后脱模得到复合材料，这种方法制得的复合材料与用 GF 增强的复合材料相比，弯曲强度和冲击强度都有很大程度的提高，非金属粉末的质量分数最高可达 30%~40%。加入如此大量的非金属粉末不仅提高了复合材料的性能，还为资源化回收废弃 PCB 提供了一种新的方法。③将线路板非金属粉末填充于热固性塑料，其弯曲强度和弯曲弹性模量随着非金属粉末含量的增加而增大，而且填充非金属粉末的复合材料的硬度要高于纯树脂的硬度，并且随着填充量的增加而增大，且粉末质量分数为 25% 时，弯曲强度、弯曲弹性模量和硬度最大。④将废弃 PCB 中的非金属粉末用于生产酚醛塑模化合物，可以有效降低酚醛塑模化合物的生产成本。⑤用废弃 PCB 的非金属粉末制作玻璃钢制品，按照要求设计模具，将不饱和聚酯树脂、环氧树脂、酚醛树脂与非金属粉末以及填料加入到模具中，用压力机模压成型得到玻璃钢制品。经测试得出，非金属粉末中的短玻璃纤维使玻璃钢的综合性能提高，尤其是压缩强度提高了 35%，该方法工艺简单，并使成本降低。

另外，非金属粉末也可以直接作为原料制得复合材料。以废弃 PCB 的非金属粉末为原料，再加入不超过 10% 的固化剂混合物作为原料，通过成型模具将原料压实，最后制成再生板材，广泛用于家具、组合板、地板砖等装饰材料。还有一种制造人造合成板的方法，将废弃 PCB 中的非金属粉末与玻璃纤维、木屑等填料以适当的比例混合，再加入适量的粘结剂，然后冷压，最后进行热压成型，可以制得人造木材。

（2）非金属粉末用于热塑性塑料及其复合材料 热塑性塑料由于其易加工、易回收、成本低等优点已应用于社会生产中的各个领域，但是其强度低、耐热性差等缺点限制了其在工程材料方面的应用，这时需要加入一些刚性填料来提高它的力学性能。而废弃 PCB 中的非金属材料恰好可以做到这一点，因此大大扩展了热塑性塑料的应用范围。

非金属粉末的复合材料再利用途径很多，如：非金属粉末中的玻璃纤维是一种很好的增强体，它可以很大程度地改善材料的拉伸性能和弯曲性能。另外，非金属粉末可以提高聚丙烯（PP）的耐热性，从而使复合材料在更高的温度下仍可以继续使用。对非金属粉末改性 PP 的研究也表明，非金属粉末中含有的玻璃纤维和树脂聚合物，与 PP 具有很好的相容性，有效提高了 PP 的弯曲强度和维卡软化温度，增加了 PP 的阻燃效果，且随着非金属粉末含量的增加，PP 的弯曲强度有增大的趋势。废弃 PCB 中的非金属粉末填充至 PVC 材料中，在无需表面处理的条件下就可以有效地提高 PVC 的拉伸强度和弯曲强度，粉末的粒径越小改善的效果越好。非金属粉末对高密度聚乙烯（PE-HD）也有很好的增强效果。

万荣科技与北京化工大学、湖南省塑料研究所联手成功地将废弃 PCB 中的非金属粉末用于物流托盘、室内景观材料等，并提出了成熟的生产工艺。首先将非金属粉末进行活化处理，然后与回收的塑料共混造粒，经过挤出机挤出成型，最后组装成制品。这样制作的新型复合材料外形美观，经久耐用。

（3）非金属粉末用于建筑材料 将废弃 PCB 制成粉末，作为高品质填料加入到混凝土等建筑材料中，可制备出性能优异的高强度、低密度增强混凝土。日本学者 S. Yokoyama 等在 20 世纪 90 年代就利用废弃 PCB 中回收出来的树脂粉末作为填充剂制备出环氧树脂产品，这些产品可以深加工成粘结剂、装饰材料和建筑材料。研究表明，树脂粉末填充剂相比其他填充剂材料（滑石、碳酸钙、玻璃纤维等），对于提高环氧树脂的力学性能和热膨胀性能更加显著。Phaiboon Panyakapo 等将热固性的三聚氰胺塑料颗粒、粉煤灰和铝粉等混合制得塑料混凝土，可使混凝土的干重降低 29% ~ 36%，而且有很高的透气性和扩散系数，其力学性能和密度均达到了建筑用混凝土的标准。

国内对非金属粉末用于建筑材料的应用也取得了很好的成绩，如：王武生提出了一种利用废弃 PCB 制作建筑模板的方法，即将废弃 PCB 按照建筑模板的厚度和大小拼接，然后涂上树脂胶，在两面铺设玻璃纤维布将板包在里面，再刷树脂胶，最后在模具中固化成型。它利用了线路板自身的强度和韧性，达到了很好的使用效果。杨佳俊等研究了将废弃 PCB 非金属粉末作为原料配制水泥砂浆，不仅可以充分利用废弃 PCB 中的非金属粉末，而且制得的水泥砂浆具有较高的抗折和抗压强度。

（4）非金属粉末用于改性沥青　沥青是一种被广泛用于铺路的材料，但由于其具有很好的流变性能，使得它对温度的敏感性很大，较难满足高温或低温路况。因此一般来说会加入一些聚合物对其改性。国内对其研究也取得了很好的成绩，如：

俞佳平等对废弃 PCB 粉末与沥青进行改性处理，发现改性沥青体系的最佳温度为 180℃，最佳剪切时间是 1 h，此时的针入度、软化点等综合性能最佳。郭久勇等通过研究废弃 PCB 非金属粉末改性沥青，降低了沥青的温度敏感性，使其可以在高温或低温下使用。

（5）非金属粉末在其他方面的应用　目前国内已经实现了用非金属粉末部分替代煤粉作燃料的应用，这种方式不但减少了煤粉的消耗量，节约了珍贵的煤炭资源，而且很好地解决了废弃 PCB 的处理问题。还有人将废弃 PCB 粉末作为主要材料来制作模型，并用装饰性的胶粘剂作为粘结剂，目前已制作出计算机鼠标等模型，与普通材料相比，其有更好的力学性能，但质量重、表面粗糙，如果可以对表面进行进一步的处理，可以使废弃 PCB 的非金属材料得到更多的应用。另外，在研究废弃 PCB 的回收利用时发现，因为其力学、化学、电学性能都很优异，在电子工业中也可得到广泛的应用。且由于这些塑料主要是由热稳定性优异的聚合物构成，能够承受化学处理、较高的热力学检验和苛刻的外界条件的要求，还可以作为良好的阻燃剂。

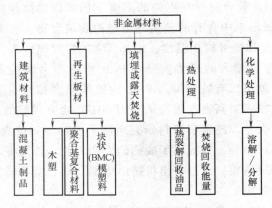

图 7-16　废 PCB 非金属材料的主要处置方法

第 **8** 章

机电产品回收与再利用案例

8.1 概述

　　废旧机电产品主要来自工业生产领域和居民生活领域,其类型和特点都各不相同。因此,在回收处理和再利用方面的具体工艺和技术上也有很大的区别。即便是同一种废旧机电产品,考虑到劳动力成本和工业化水平的差异,在国内外的具体处理方式也是不同的。因此,对于废旧机电产品的回收处理和再利用必须结合具体的国情和产品特点,选择合适的工艺和技术,并在充分尊重当地的法律法规的前提下来设计和实施整体工程。

8.2 汽车电机再制造

8.2.1 汽车电机再制造工艺路线

　　电机是汽车的主要电源,由汽车发动机起动,其作用是在发动机正常运转时,向除起动机之外的所有用电设备供电,同时给蓄电池充电,使得汽车更加清洁和高效,同时也提高了车辆的安全性和舒适性。当汽车进入报废阶段后,汽车上的电机(主要是起动电动机和发电机)由于其工作寿命尚未达到额定寿命,所以仍然能够再利用,有些即便发生故障,也是在轴承、绕组等零部件上出现了损伤,通过换件或者修复,仍然能够达到新品的质量(图8-1)。

8.2.2 汽车电机再制造过程

　　(1)汽车电机的拆解　回收来的废旧电机首先要通过人工拆解,将其分解成零件状态,然后结合清洗检测等工艺环节,最后进行总装和测试。图8-2所示是汽车电机的拆解工作台。图8-3所示是拆解后的零部件。

　　电机作为汽车的核心部件,无论是对其进行再制造还是对其中的铜、铁、铝等材料进行回收,都需要对其进行拆解。目前国内汽车废旧电机的拆解方法比较落后,大部分采用人工拆解,缺乏先进技术的支撑。汽车电机类型因车型、年代、排量等诸多因素的变化而不同,但是汽车电机各部分零件的功能部分基本相同,其拆解工艺流程也基本相同。具体拆解工艺流程如下。

　　工序Ⅰ:拆解带轮螺母,拆下带轮和散热扇叶(若电机散热扇叶内置,则此步可省略)。

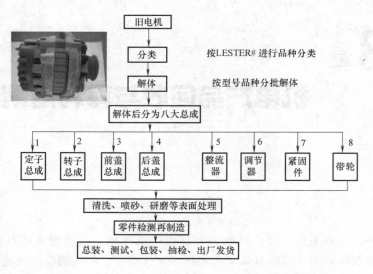

图 8-1　汽车电机再制造工艺路线

工序Ⅱ：拆解防护罩紧固螺钉，拆下防护罩（若电机无防护罩，则此步可省略）。

工序Ⅲ：拆解接线板和整流调节器紧固螺栓，熔化引线焊锡，拆下整流器、调节器、接线板。

工序Ⅳ：拆解前后盖连接螺栓，拆下后端盖和定子。

工序Ⅴ：压出转子，使转子与前端盖分离。

工序Ⅵ：拆解轴承盖板螺钉，拆掉轴承盖板。

图 8-2　汽车电机的拆解工作台

工序Ⅶ：压出前后端盖上的转子轴承，最终得到汽车电机的各个零部件。

工序Ⅷ：对拆解后的调节器、整流器、定子、转子、转子轴承进行检测。

（2）**定子的测试与修复**　首先进行挑选测试，一般合格率为 85%，先清洗后烘干，烘干后进行相关测试，步骤如下：

1）外观检测，挑选出外观合格的零件。

2）对地做 AC 500V 的高压击穿实验。

3）做三相短路测试。

以上三项指标合格后，进行真空浸漆处理，合格后即可以入库使用。接着进行定子绕组的测试，经过挑选后，不合格率一般在 10% 左右，按如下步骤进行修复：

1）把漆包线从定子中取出。

2）对铁心（定子盘）表面处理，干净后对尺寸进行整形。

3）必要时对个别定子铁心进行车削加工和磨削加工。

1定子总成

2转子总成

3前盖总成

4后盖总成

5整流器

6调节器

7紧固件

8带轮

图 8-3 汽车电机拆解后的零部件

4）对合格的铁心重新绕线、测试、真空浸漆、再测试合格后入库使用，旧的漆包线拆出来成为废铜，可以回收再利用（图 8-4）。

图 8-4 定子线圈检测

（3）电机转子测试与修复 首先对电机转子进行目测，一般合格率可达 90%，先清洗后烘干。测试与修复步骤如下：

1）绝缘测试和短路测试。

2）更换不合格的集电环，一般 30%～40% 要更换，更换后进行车削加工，加工到集电环的外径符合标准。

3）进行轴的径向圆跳动测试，不合格的要进行校正，一般径向圆跳动误差在 0.02mm以下。

4）集电环跳动测试公差要求一般不大于 0.04mm。

5）对轴的螺纹进行检查和修复。

6）对转子重新进行浸漆绝缘处理，检测合格后入库使用。

然后将对地短路和匝间短路的转子进行解体后更换线圈，步骤如下：

1）解体爪基。

2）更换磁场线圈。

3）更换新的轴、新的集电环（图 8-5）。

4）重新装配成转子。

5）重新绝缘处理。

6）重新车削加工，测试动平衡，再进行测试后作为成品入库使用（图8-6）。

（4）前后端盖总成再制造（图8-7）

1）解体取出轴承。

2）清洗后进行喷砂处理。

3）检测：①是否有裂缝，是否有碰伤。②对螺纹进行检查。③对尺寸标准进行检查。④检测合格入库使用。

4）检测不合格：①用氩弧焊进行修补裂缝。②用钢套重新嵌入螺纹。③尺寸检测合格入库使用。

（5）轴承的测试与更换

1）清洗轴承。

图 8-5　集电环检测与更换

图 8-6　转子车削加工和动平衡测试

2）进行噪声检测，合格后添加常温的 M33#硅油脂。

3）添加好油脂后再测试，合格后入库使用，一般有 70%的轴承可以继续使用，部分制造质量好的轴承厂家的轴承可达 90%的合格率。

（6）整流器再制造

1）目测合格后清洗烘干。

2）进行电气参数测试（图8-8）：可以使用各种仪器对二极管正向压降、反向峰值电压及三相平衡进行测量，符合技术标准的继续使用。新的测试

图 8-7　电机端盖

工艺较简单，将整流器的输出端加上 100%负载工作 2min 不烧坏，即认为合格。例如：将 100%负载加在整流器输出端，在没有风冷的情况下和没有任何散热的情况下能连续工作 2min 即认为合格，这种测试方法是对整流器的全面指标的考核。不合格的整流器更换二极管，有塑料件坏掉的整流器更换塑料件。对于更换二极管的整流器需要对整流器指标进行全面测试，正向压降、三相平衡、反击穿电压等参数测试合格才可投入使用。

（7）汽车电机总装工艺

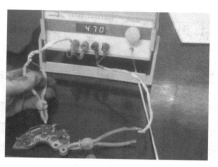

图 8-8 整流器性能测试

1）把再制造电机合格的八大总成送往组装线装配。

2）组装后，在 4000r/min 的情况下测试电机的最大功率，在 800~1500r/min 的情况下测试电机的低端发电电流，检查是否有异常噪声，对各个紧固件进行扭力测试，检查螺钉的松紧度是否合格。

3）进行负载试验（图 8-9），测出电机电流电压曲线、转速电流曲线，对电机输出电压稳定度、直流波纹系数进行测试。

4）包装、装箱（图 8-10）。

5）出货前进行交收试验，对同一天同批号产品抽查 5%，合格即可以发货，只要有一台不合格品，就应对该天生产的产品全部重新测试后才能发货。

图 8-9 装配后的电机进行负载试验

图 8-10 预包装后的再制造电机成品

8.3　基于再制造的天然气发动机

8.3.1　再制造天然气发动机的原理与特点

天然气是一种洁净环保的优质能源，几乎不含硫、粉尘和其他有害物质，燃烧时产生二氧化碳少于其他化石燃料，造成温室效应较低。通过再制造技术将原有的燃油发动机改造成天然气发动机具有良好的社会效益和环保效益。柴油运输车辆改为天然气运输车辆，主要包括两个部分：一部分是燃料供给系统，也就是说要把整车的油箱更改为压缩天然气（CNG）气瓶或液化天然气（LNG）气瓶。另一部分是动力系统中的发动机，也就是说要把原来的柴油发动机更改为天然气发动机。

将燃油发动机再制造成天然气发动机不仅要改造燃料系统，还要更换新的活塞、活塞环，缸盖需要重新加工（加工火花塞安装位置，更换气门和气门座圈），凸轮轴需要重新选型。图 8-11 所示是再制造天然气发动机的基本原理。

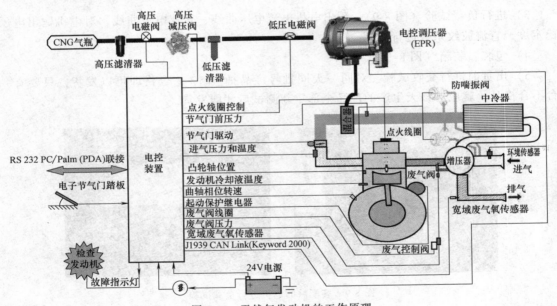

图 8-11　天然气发动机的工作原理

再制造后的天然气发动机具有以下特点：

1）继承了原柴油机本体的可靠性。

2）采用内冷油道活塞及专门设计的活塞环。

3）采用水冷废气涡轮增压器，延长其使用寿命。

4）电控调压进气方式，稀薄燃烧、热效率高、排温低。

5）全工况闭环控制加自学习及自诊断功能。

6）双铂金/铱金电极火花塞，燃烧效率高、寿命长。

相对于普通燃油发动机，其动力更强劲。四气门结构，火花塞中置，进排气效率高，燃烧更彻底。匹配完美的增压器，加上电控放气阀装置，使得大转矩值以及大转矩转速范围与同功率柴油机基本一致。在使用方面，也表现出更好的经济性。其稀薄燃烧、电控调压的进气方式使发动机具有很好的燃料经济性。进气管中间进气及四气门结构保证了燃烧更充分、更彻底，同时其排放水平也更加环保。

8.3.2 再制造天然气发动机的基本过程

天然气发动机的再制造工艺路线如图8-12所示。

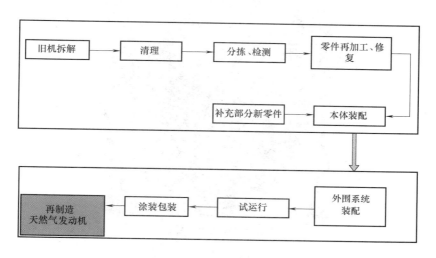

图 8-12 天然气发动机再制造工艺路线

首先在专用的拆解线上对废旧燃油发动机进行拆解。拆解工作主要是获得发动机的缸体、缸盖、连杆等大部件（图8-13）。考虑到实际废旧发动机已经在各种恶劣工况下使用了较长时间，因此需要对拆解下来的缸体进行探伤，一般是通过磁粉探伤机进行检测。通过探伤来检测缸体上是否存在肉眼不可见的微小裂纹。图8-14所示是探伤过程。

图 8-13 废旧发动机拆解

图 8-14 发动机缸体探伤

然后在专用的气密性试验机上对缸体的气密性进行测试，从而保证该缸体能够作为再制造天然气的发动机缸体。缸体气密性试验如图 8-15 所示。完成上述工作后，还需要对缸盖接合面进行铣削加工，对连杆进行检测和重新镗孔。发动机内部的活塞、密封环等零件完全采用新件来进行装配作业。

图 8-15　缸体气密性试验

8.3.3　再制造天然气发动机的装配

再制造天然气发动机的装配结构如图 8-16 所示。包括增压器、节气门、混合器在内的主要部件可采用新件或再制造件。例如增压器目前已有专门企业从事再制造。由于天然气发动机的工作参数与再制造之前的燃油发动机有很大的不同，因此发动机的电脑板也必须是重新写入程序后的再制造件或全新件。图 8-17 所示是再制造天然气发动机的装配生产线。

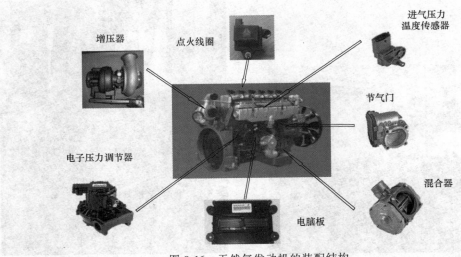

图 8-16　天然气发动机的装配结构

再制造天然气发动机在完成总装后，还需要在专用的测试台架上对发动机的工作参数进行测试，以保证其质量，再制造发动机的出厂试验如图 8-18 所示。该测试为全检，即每一台发动机都需要测试并记录其测试参数，以便为用户提供可靠的售后服务。

图 8-17 天然气发动机装配生产线

图 8-18 再制造发动机的出厂试验

8.4 采煤机导向滑靴再制造

8.4.1 采煤机导向滑靴再制造的基本要求

导向滑靴位于采煤机行走箱底部，是连接采煤机机体和采煤机行走轨道的关键部件，基本结构如图 8-19 所示。其承受低速重载，并起着导向和支撑作用，对耐磨性要求极高。在煤炭开采过程中，导向滑靴通常需要反复承受采煤机的截割反力、采煤机自重力和牵引力，特别是当采煤机通过刮板运输机弯曲段时，其运行阻力加大，尤其在斜切进刀方式中阻力会更大，导致导向滑靴在刮板运输机弯曲处要受到很大的侧向力。据统计，每次采煤机的大修都会有导向滑靴报废或待修，给生产带来不利影响，并造成一定的经济损失。可见导向滑靴

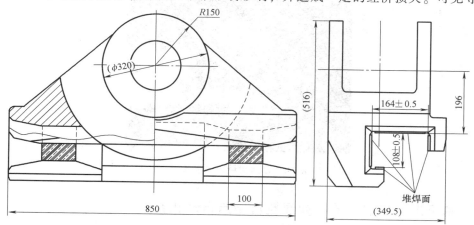

图 8-19 导向滑靴基本结构

作为易损部件，在煤炭开采过程中的损耗较大，通过再制造来降低成本并提高备品数量，对于采煤企业具有重要的意义。

以某型号导向滑靴实物为例（图 8-20），滑靴两端长度为 100mm 的阴影部分即为需要堆焊耐磨层的导向面（图 8-21）。该导向滑靴为满足环境恶劣的工况及复杂的受力情况，其主体材料一般为中碳合金钢，碳的质量分数一般在 0.3% 以上，经过调质后硬度可达 240～280HBW，而滑靴耐磨层的技术要求为：堆焊层堆焊 5mm 厚的耐磨材料，耐磨层连续、饱满、均匀、平整，不得有气孔、夹渣、裂纹等缺陷，堆焊层表面的平面度误差一般为 ±0.5mm。现有工艺全部采用手工堆焊，工作效率低且环境恶劣。此外，手工堆焊的表面精度一般为 8±2mm，因此必须将堆焊后的导向滑靴安装到大型铣床上进行加工。由于堆焊三层后耐磨层的表面硬度达到 58HRC，从而导致铣削效率低下、刀具损耗严重，而且还去掉了堆焊表面最优的耐磨层。这些原因导致了导向滑靴的质量难以达到最优状态，且生产成本较高，单件工时较长。

图 8-20　某型号导向滑靴实物

图 8-21　导向滑靴堆焊修复表面

8.4.2　基于工业机器人的导向滑靴再制造自动化系统

为了提高导向滑靴的再制造能力和水平，保证产品的堆焊质量，提高自动化程度，我国开发研究了导向滑靴自动化堆焊机器人工作站（图8-22）。基于不同型号的产品编制相应的程序，并通过智能测控装置实现导向滑靴焊接、打磨、检测的一体化作业。

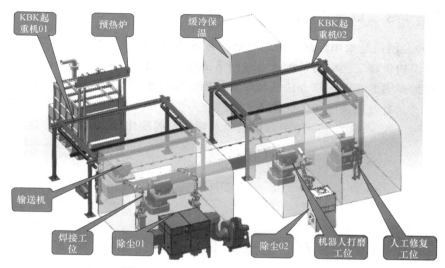

图 8-22 导向滑靴再制造机器人工作站

8.5 基于支持向量机的工字轮再制造

8.5.1 工字轮再制造概况

工字轮作为承揽、放线的工具，常被用来收集钢丝的成品、半成品，广泛应用于金属制品行业。但在机械加工甚至热处理工序都已完成的情况下，工字轮的盘边常常发生弯曲变形，废旧工字轮实物如图8-23所示。导致工字轮运行的平稳性差，线材绕制的密集性及平整性受到影响。目前，对于发生弯曲变形的零件主要通过手工校正和自动校正的方式进行处理。手工校正主要凭工人经验，校正精度受人为因素干扰较大。自动校正的研究主要集中在校正行程的确定。

图 8-23 废旧工字轮实物

8.5.2 工字轮的自动校正方法

通过对工字轮的分析发现，工字轮主要在盘边发生弯曲变形，对工字轮发生弯曲变形的位置施加载荷，使其产生与误差方向相反的塑性变形，卸载后，当回弹量等于反弯变形量时，便实现工件的校正。因此，弯曲量与校正行程之间非线性映射关系的确定就显得十分重要，而基于 T-S 模糊神经网络所建立的工字轮校正模型可以准确地反映出两者的关系。对于弯曲量的准确获取以及校正行程的精确控制分别由位移传感器和电推缸实现，如图 8-24 所示。

8.5.3 基于 T-S 模糊神经网络的校正策略

T-S 模糊神经网络是模糊控制与神经网络的有机结合，该模型吸取了两者的长处，利用模糊控制的知识初步确定网络的结构，通过网络的结构和对样本的学习来完成模糊推理以及隶属函数、模糊规则的获取。该方法既利用了模糊逻辑对于知识的表达，又发挥了神经网络的自适应能力，具有收敛速度快、泛化能力强等优点。其中双输入单输出的 T-S 模糊神经网络如图 8-25 所示。输入量为工字轮的弯曲量以及弯曲量的变化量，输出量为校正行程。

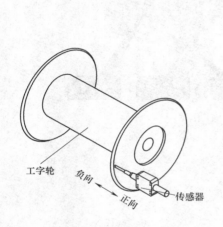

图 8-24　工字轮自动检测方法

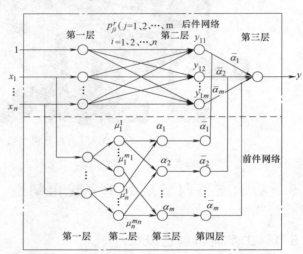

图 8-25　T-S 模糊神经网络结构图

T-S 模糊神经网络分为前置网络和后置网络，前置网络主要用来计算每条规则的适用度，后置网络用来构造模糊规则的线性多项式，完成系统的输出。前件网络共分为 4 层：

第一层为输入层，该层负责将输入量 $x=[x_1,x_2,\cdots,x_n]$ 传递到下一层，该层的输入量为精确值，共有 n 个节点。

第二层为模糊化层，每个节点代表一个语言变量值，若每个语言变量有 k 个语言变量值，则该层共有 kn 个节点。该层的输出量为前一层的输出分量所对应的语言变量值的隶属函数，可用高斯函数表示为

$$\mu_i^j = e^{-\frac{(x_i-c_{ij})^2}{\sigma_{ij}^2}} \tag{8-1}$$

式中，$i=1$、2；$j=1$、2、$\cdots$、k；k 为各语言变量值的个数；c_{ij} 和 σ_{ij} 分别表示隶属函数的中心和宽度。

第三层为推理层，该层共有 m 个节点，每个节点代表一个模糊规则，采用连乘算子计算每条规则的适用度，即

$$\alpha_j = \mu_1^{i_1}\mu_2^{i_2}\cdots\mu_n^{i_n} \tag{8-2}$$

第四层为归一化层，即

$$\overline{\alpha_j} = \alpha_j / \sum_{i=1}^{m}\alpha_i \tag{8-3}$$

后置网络由 r 个子网络组成，每个子网络共有三层：

第一层为输入层，每个子网络相比于前置网络的第一层多了一个节点，此节点的输入值为 1，为模糊规则的后置网络提供常数项。

第二层对应着每条模糊规则的后件，即

$$y_{ij} = p_{j0}^i + p_{j1}^i x_1 + \cdots + p_{jn}^i x_n = \sum_{l=0}^n p_{jl}^i x_l \tag{8-4}$$

式中，$j = 1、2、\cdots、m$；$i = 1$。

第三层为系统输出层，即

$$y = \sum_{j=1}^m \overline{\alpha}_j y_{ij} \tag{8-5}$$

为了提高 T-S 模糊神经网络的性能，减小输出误差，需要对网络中的参数进行训练，它们分别为：隶属函数的中心值 c_{ij} 和宽度 σ_{ij} 以及最后一层的权值 p_{ji}^l。参数的训练方法采用 BP 误差反向传播算法与最小二乘法结合的方式。设输出误差 E 为

$$E = \frac{1}{2} \sum_{i=1}^r (d_i - y_i)^2 \tag{8-6}$$

式中，d_i 和 y_i 分别表示期望输出和实际输出值。

首先利用最小二乘法对权值 p_{ji}^l 进行训练，即

$$\frac{\partial E}{\partial p_{ji}^l} = -(d_i - y_i)\overline{\alpha}_j x_i \tag{8-7}$$

$$p_{ji}^l(k+1) = p_{ji}^l(k) + \beta(d_i - y_i)\overline{\alpha}_j x_i \tag{8-8}$$

式中，$\beta > 0$ 为学习率。

然后，将权值 p_{ji}^l 固定，采用 BP 误差反向传播算法对隶属函数参数 c_{ij} 和 σ_{ij} 进行调整，最后得到

$$c_{ij}(k+1) = c_{ij}(k) - \beta \frac{\partial E}{c_{ij}} \tag{8-9}$$

$$\sigma_{ij}(k+1) = c_{ij}(k) - \beta \frac{\partial E}{\sigma_{ij}} \tag{8-10}$$

8.5.4　工字轮校正试验

工字轮校正机结构包括：输入机构、承载过渡机构、校正机构和输出机构，如图 8-26 所示。

校正过程可分为以下 5 个步骤：

1）输送机构通过控制挡板 1、2 的升降将待校正工字轮 3 送至承载过渡机构中的折角支撑板 4 上。

2）承载过渡机构通过驱动液压缸 7、8，分别调节折角支撑板的高度和角度，让工字轮的轴线与校正机构中的顶尖 12 对准。驱动校正机构中的加持液压缸 13，使顶尖顶紧工字轮。

3）伺服电动机 10 驱动顶尖带动工字轮转动一圈，由位移传感器 9 检测工字轮盘边的弯

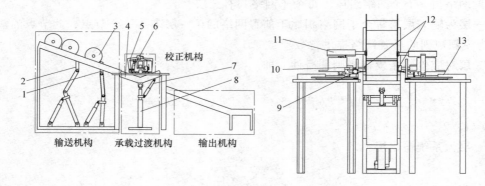

图 8-26　工字轮校正机结构

1、2—挡板　3—工字轮　4—折角支撑板　5—L形连杆　6、7、8、13—液压缸　9—位移传感器
10—伺服电动机　11—电推缸　12—顶尖

曲量并将结果传送给工控机，工控机对数据进行分析处理，获得工字轮的校正位置与校正行程，然后驱动伺服电动机将工字轮转至校正位置。

4）L形连杆 5 通过液压缸 6 带动电推缸 11 进入校正位置，由电推缸对工字轮进行校正。

5）校正完成后，检查工字轮的弯曲量，根据要求判断是否需要再次校正。

通过校正机对工字轮进行校正试验，获得 55 组试验数据。将这 55 组试验数据作为样本数据参与模型的训练、检验，其中 45 组数据作为模型的学习样本，10 组数据用来测试所建立模型的泛化能力。

利用 matlab 自带的模糊逻辑工具箱建立 T-S 模糊神经网络模型，基本参数设置如下：模糊推理系统采用 Grid partition，输入隶属函数的数目为 [7 7]，类型为 gaussmf，输出隶属函数的类型为 linear，学习算法采用 hybrid，误差精度设置为零，训练次数为 100 次。

为了验证 T-S 模糊神经网络在工字轮校正行程预测中的优劣性，将其与传统的 BP 神经网络进行比较，采用预测值和真实值的相对误差和绝对误差作为评价模型的性能指标。

从表 8-1 可以看出，T-S 模糊神经网络和 BP 神经网络预测结果的最大误差分别为 2.04mm 和 1.61mm。虽然 T-S 模糊神经网络的预测结果在第五个预测点出现了较大误差，但是其他点的预测精度均要优于 BP 神经网络，两种模型的平均相对误差分别为 4.17% 和 6.44%。从图 8-27 中也可以看出，相对于 T-S 模糊神经网络，BP 神经网络的预测值和真实值在多处出现了较大偏差，而 T-S 模糊神经网络的预测值和真实值的拟合效果较为吻合。对于预测误差较大的点，可以通过加强与此误差点相关的校正数据的学习来减小此类误差，从而提高模型的泛化能力。

表 8-1　两种模型误差比较

样本序号	真实值/mm	T-S 模糊神经网络			BP 神经网络		
		预测值/mm	绝对误差/mm	相对误差/（%）	预测值/mm	绝对误差/mm	相对误差/（%）
1	11.43	10.79	-0.64	-5.59	10.68	-0.66	-0.58
2	9.00	8.69	-0.31	-3.44	8.51	-0.49	-5.44

（续）

样本序号	真实值/mm	T-S 模糊神经网络			BP 神经网络		
		预测值/mm	绝对误差/mm	相对误差/（%）	预测值/mm	绝对误差/mm	相对误差/（%）
3	12.4	12.37	-0.03	-0.24	12.14	-0.26	-2.09
4	10.9	10.55	-0.35	-3.21	10.04	-0.86	-7.89
5	9.2	7.16	-2.04	-22.17	8.82	-0.38	-4.13
6	7.1	7.35	0.25	3.52	8.47	1.37	19.29
7	13.5	13.7	0.2	1.48	13.17	-0.33	-2.44
8	10.8	10.66	-0.14	-1.29	9.19	-1.61	-14.91
9	12.7	12.61	-0.09	-0.709	12.14	-0.53	-4.17
10	8.2	8.08	-0.12	-0.15	8.48	0.28	3.41
	最大误差		-2.04			-1.61	
	平均相对误差		4.17%			6.44%	

在训练过程中，T-S 模糊神经网络和 BP 神经网络分别经过 30 次、100 次才趋于收敛。T-S 模糊神经网络的收敛速度要优于 BP 神经网络，这是因为在 T-S 模糊神经网络中，网络层数、节点个数以及各部分参数均具有一定的物理含义，它们的取值可通过模糊控制的相关知识来确定，利用了人们的经验知识。因此，T-S 模糊神经网络在训练过程中减小了局部最小值出现的次数，加快了收敛速度。

为了更直观地显示工字轮校正前后的弯曲情况，每隔 10°测量一次工字轮的盘边弯曲量并绘制三维图，如图 8-28 所示为工字轮校正前后的弯曲形式对比。从图 8-28 中可以看出，工字轮在经过一次校正后，各点的弯曲量均达到所要求的 [-1mm，1mm] 使用范围。虽然工字轮盘边的各点弯曲量不一，弯曲形状比较复杂，但在对工字轮盘边的最大弯曲量处进行校正后，各点弯曲量均发生变化。在离校正点 [±0°，±90°] 范围内，各点均得到有效校正，弯曲量在精度要求内，校正效果较好。但在离校正点 [±90°，±180°] 范围内，却少量的增加了原本各点的弯曲量，加大了此范围内工字轮的弯曲程度。因此，在校正完成后，要再次检验各点的弯曲量，判断是否需要再次校正。

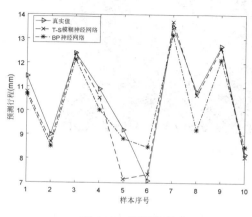

图 8-27　预测结果

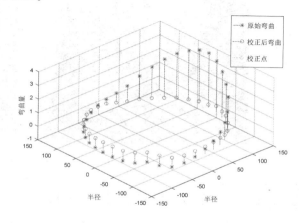

图 8-28　工字轮校正前后弯曲形式对比

8.6 立式磨床再制造

8.6.1 废旧立式磨床基本情况

废旧立式磨床如图 8-29 所示, 其退役的主要原因是: ①该机床滑枕导轨面磨损严重, 导轨面的直线度严重超差。②Z 轴滚珠丝杠近工作台方向磨损严重。③Z 轴滚珠丝杠两端的轴承磨损, Z 轴方向有窜动间隙。④滑枕上下的防尘罩和滑枕在横梁左右移动的防尘罩损坏严重。⑤机床切削液冷却系统老化严重, 故障率高 (图 8-30)。

图 8-29　再制造之前的立式磨床

图 8-30　维修之前的机床主要部件

8.6.2 立式磨床再制造的主要过程

滑枕是立式磨床的主要运动部件, 再制造之前, 首先将滑枕和滑座进行拆解, 然后进行整体修复（图8-31）。

　　导轨的磨损是机床丧失工作精度的主要原因，目前虽然有很多表面工程技术可以对机床的导轨进行修复，但是也存在着设备复杂、周期长的问题。因此本案例采用的是部件替换方式，用更加先进的滚滑复合导轨来替代传统的滑动导轨。对于已经磨损的滑座导轨面用专用的导轨磨床进行磨削加工，使其恢复到初始精度（图8-32）。

图8-31　机床滑枕结构

图8-32　滑座导轨面修磨

　　采用滚滑复合导轨替换已经磨损的旧导轨前（图8-33），需要对磨架与滑座导轨配刮和配合调试，并重新进行装配（图8-34）。

图8-33　滚滑复合导轨结构

图8-34　磨架人工铲刮

　　然后将Z轴原来的滚珠丝杠更换成新的滚珠丝杠，滚珠丝杠的安装方式与原来的一致。Z轴滚珠丝杠两端的轴承更换，如图8-35所示。

　　接着将滑枕4个方向的防尘罩更换，如图8-36所示。

　　最后更换机床的冷却系统，并清洗原有的管路，以保证冷却系统的工作效果。

图8-35　重新安装的滚珠丝杠和端部轴承

8.6.3　机床安装调试与检测

　　首先采用千分表检测滑枕左右方向的直线度，如图8-37所示。

然后用激光干涉仪进行滑枕水平方向和垂直方向的直线度检测，如图 8-38 所示。

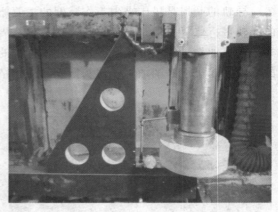

图 8-37　滑枕左右方向的直线度检测

图 8-36　更换防尘罩

图 8-38　滑枕水平方向和垂直方向的直线度检测

激光干涉仪的检测数据如下。

1）Z 轴水平方向直线度。最大误差值为 0.00431mm，如图 8-39 所示。

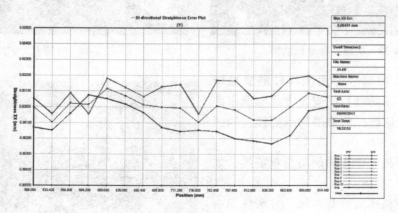

图 8-39　激光干涉仪的检测数据 1

2）Z 轴垂直方向直线度。最大误差值为 0.00406mm，如图 8-40 所示。

3）Z 轴补偿后的定位精度达到 0.00320mm，如图 8-41 所示。

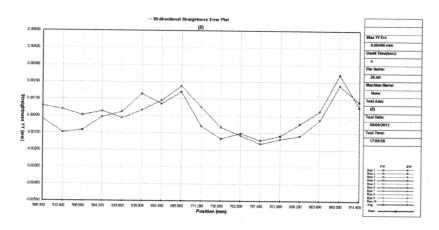

图 8-40　激光干涉仪的检测数据 2

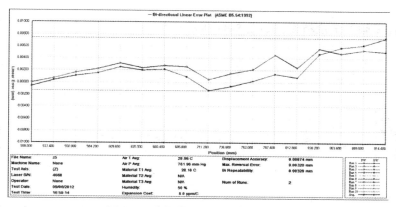

图 8-41　激光干涉仪的检测数据 3

4）X 轴垂直方向的直线度。最大误差为 0.02286mm，如图 8-42 所示。

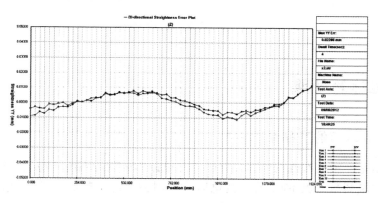

图 8-42　激光干涉仪的检测数据 4

5）X 轴水平方向的直线度。最大误差为 0.04100mm，如图 8-43 所示。

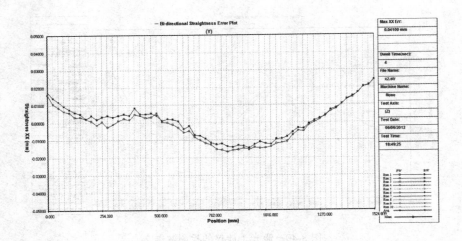

图 8-43　激光干涉仪的检测数据 5

6）补偿后 X 轴的定位精度，如图 8-44 所示。

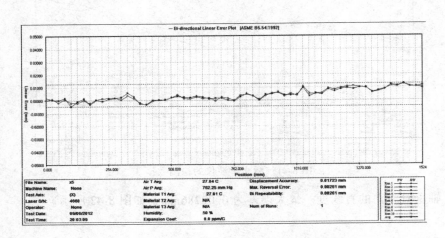

图 8-44　激光干涉仪的检测数据 6

8.7　废旧电冰箱处理

8.7.1　废旧电冰箱的产品结构分析

　　废旧电冰箱是一种较特殊的固体废弃物。在电冰箱的制冷系统和绝热结构中含有可使地球臭氧层变薄的氟利昂。以 160L 容量的电冰箱为例，大约注有制冷剂 0.11kg，聚氨酯绝热泡沫的发泡剂配比约为 14.7%。除了少部分在制造发泡过程中破泡逃逸外，多数发泡剂仍然包含在泡沫之中，因此报废后的电冰箱不能随意处置，必须进行无害化处理。另外电冰箱结构中所含的钢材、铜材和塑料等都是宝贵的二次原料。

电冰箱的压缩机通常是 220V 单相交流电动机驱动的柱塞泵，整体密封，搅油润滑。早期生产的电冰箱采用的制冷剂散热器通常是在制冷剂输出管（铁管或铜管）上附加线状或片状铁质散热体构成，电冰箱的主体通常外包冷轧薄钢板，内部是塑料内胆，外部钢板和内胆之间填充绝热泡沫材料，早期生产的电冰箱的绝热泡沫通常是由 R11 发泡的聚氨酯材料，出于环保的要求，采用氟利昂作制冷剂和发泡剂的废冰箱需要专门处理。含有发泡剂的绝热箱体，外包钢板，内衬塑料内胆，其间填充绝热泡沫而且将箱体的内外部分牢固的粘结在一起，是电冰箱处理的难点。

8.7.2 废旧电冰箱的拆解处理工艺

综合国外的处理实践和国内近年来的研究进展，废旧冰箱处理工艺可以归结为两种工艺方案。工艺差别主要体现在对箱体的处理上，典型的方法是整体粉碎，另一种方法是手工拆解然后粉碎处理。

目前国内较为流行拆解与破碎处理结合的总工艺路线。废电冰箱的拆解工艺路线如图 8-45 所示。首先拆除压缩机等关键零部件，然后进行整体破碎，收集聚氨酯泡沫层中的 R11 气体。整体破碎后得到的塑料粉末送往废线路板粉末及废塑料资源化利用生产线进行资源化。其中较为重要的步骤为制冷剂的回收和发泡剂废气收集。

1）制冷剂回收工艺。利用抽吸装置将氟利昂和油抽吸出来，经过特殊的气化或雾化等处理后，将氟利昂从油中分离。该部分气体可以全部回收，无外排。

2）聚氨酯发泡气体的回收。将电冰箱的压缩机、电缆、抽屉、隔板、可活动的塑料组件、玻璃、橡胶等先行拆解，并将系统冷媒及冷冻机油。用冷媒回收机吸除后，拆下压缩机。电冰箱箱体以输送机送入破碎机破碎及粉碎机粉碎，破碎过程中产生的含有氟利昂的废气进入冰箱车间废气处理设施。废电冰箱处理工艺物料平衡表见表 8-2。

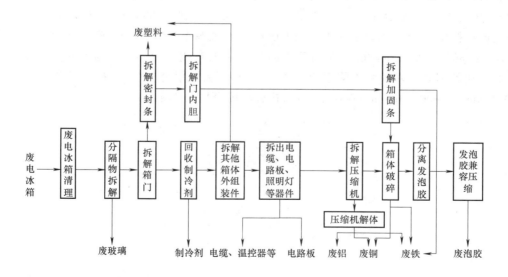

图 8-45 废电冰箱拆解工艺流程图

表 8-2　废电冰箱处理工艺物料平衡表

编号	名称	投入量	名称	产生量/t
1	废电冰箱	25 万台	铁	5263.2
2		10750t	铜	361.2
3			铝	120.4
4			塑料	2863.01
5			保温层材料	1988.75
6			线路板	122.55
7			灯泡	9.68
8			废润滑油	13.4
9			废氟利昂	7.81
10	合计	10750t	合计	10750

8.7.3　环保控制措施

作为废家电处理企业同样要遵循国家和地方政府在环保方面的法律法规，并确保生产过程中的各项排放达到国家标准。废电冰箱拆解线排放的废气全部通过微负压收集装置收集，由一根 15m 高的排气筒统一排放，基本不会产生无组织排放。该项目投产后废电冰箱年处理量 23 万台，颗粒物和非甲烷总烃的排放量分别为 0.025kg/h 和 0.12kg/h，颗粒物处理效率按 99% 算，非甲烷总烃处理效率按 90% 计算，则产生量分别为 2.5kg/h 和 1.2kg/h。2017年经过技术改造后，废电冰箱处理线生产工艺及设备不变，在增加物料投入情况下，年处理废电冰箱 25 万台，评价电冰箱拆解线废气中的非甲烷总烃以挥发性有机物（VOCs，volatile organic compounds）来评价计算，类比原有项目分析可得：规划调整后废电冰箱拆解线中颗粒物和 VOCs 的产生量分别约为 2.72kg/h（13.056t/a）和 1.304kg/h（6.259t/a），该生产线废气治理措施配套使用风机风量为 12300m³/h，则颗粒物和 VOCs 的产生浓度分别约为 221.14mg/m³ 和 106.02mg/m³；项目采用旋风除尘加布袋除尘器和低温等离子装置处理废气，经净化处理后（颗粒物去除率约为 99%，VOCs 去除率为 90%），排放量分别为 0.03kg/h（0.144t/a）和 0.13kg/h（0.624t/a），排放浓度分别为 2.21mg/m³ 和 10.6mg/m³。

参 考 文 献

[1] 罗胜联. 有色重金属废水处理与循环利用研究 [D]：长沙：中南大学，2006.

[2] 蒋小利. 基于多寿命特征的废旧机电产品可再制造性评价方法研究 [D]. 武汉：武汉科技大学，2014.

[3] 于乔，姜妍彦，王承遇. 泡沫玻璃与固体废弃物的循环利用 [J]. 材料导报，2009：93-96.

[4] 秦曼宜. 报废机电产品循环利用产业投资机遇与风险分析 [J]. 黄冈职业技术学院学报，2013（6）：90-93.

[5] 邱定蕃，吴义千，符斌，等. 我国有色金属资源循环利用 [J]. 有色冶金节能，2005（4）：6-13.

[6] 董锁成，范振军. 中国电子废弃物循环利用产业化问题及其对策 [J]. 资源科学，2005（1）：39-45.

[7] 中华人民共和国国家统计局. 中国统计年鉴2015 [M]. 北京：中国统计出版社，2015.

[8] 徐滨士. 再制造与循环经济 [M]. 北京：科学出版社，2007.

[9] 徐滨士. 再制造工程基础及其应用 [M]. 哈尔滨：哈尔滨工业大学出版社，2005.

[10] 朱胜，姚巨坤. 再制造技术与工艺 [M]. 北京：机械工业出版社，2010.

[11] ASKINER GUNGOR, SURENDRA M GUPTA. Issues in environmentally conscious manufacturing and product recovery：a survey [J]. Computers & Industrial Engineering, 1999, 36：811-853.

[12] 陈南军. 环境与资源价值评估方法及模型研究 [D]. 上海：上海大学，2009.

[13] 周进. 废弃电器电子产品回收处理的生命周期模型 [J]. 资源开发与市场，2010，12：1114-1117.

[14] 代应，王旭，邢乐斌. 基于全生命周期的汽车绿色回收体系研究 [J]. 西南大学学报（自然科学版），2007，11：157-160.

[15] 阳成虎，刘海波，卞珊珊. 再制造系统中废旧产品回收策略 [J]. 计算机集成制造系统，2012，4（18）：875-880.

[16] DUFLOU JR, SELIGER G, KARA S. (2008) Effciency and feasibility of product disassembly：a case-based study [J]. CIRP Ann—Manuf Technol, 2008, 57 (2)：583-600.

[17] GUNGOR A, GUPTA SM. (1998) Disassembly sequence planning for products with defective parts in product recovery [J]. Comput Ind Eng, 1998, 35 (1-4)：161-164.

[18] LAMBERT AJD . (2003) Disassembly sequencing：a survey [J]. Int J Prod Res , 2003, 41 (16)：3721-3759.

[19] KROLL E, BEARDSLEY B, PARULIAN A. (1996) A methodology to evaluate ease of disassembly for product recycling [J]. IIE Trans (Institute of Industrial Engineers), 1996, 28 (10)：837-845.

[20] MOK HS, KIM HJ, MOON KS. (1997) Disassemblability of mechanical parts in automobiles for recycling [J]. Comput Ind Eng, 1997, 33 (3-4)：621-624.

[21] GUNGOR A, GUPTA SM . (2002) Disassembly line in product recovery [J]. Ann Rev Control, 2002, 40 (11)：2567-2589.

[22] 张秀芬，张树有. 基于粒子群算法的产品拆解序列规划方法 [J]. 计算机集成制造系统，2009，3（15）：508-514.

[23] 金强. 便携式钻杆螺纹复合清洗装备设计 [D]. 武汉：华中科技大学，2009.

[24] 刘忠伟. 基于水射流技术的轧钢机清洗机的研究与开发 [D]. 长沙：中南林业科技大学，2005.

[25] 田洪清. 储油罐高温蒸汽清洗机设计 [J]. 清洗世界，2014（2）：32-36.

[26] 燕春南. 量产螺旋锥齿轮清洗机的设计 [J]. 制造技术与机床，2011（11）：54-56.

[27] 梅庆，金亦富，许晔，等. 大型多工位转台式自清洗真空过滤装备的设计 [J]. 农业装备技术，2015（3）：50-52.

[28] 王洪芬. 反应釜三维机械清洗装置的设计与试验 [J]. 现代制造工程, 2015（8）：141-144.

[29] 林绍义. 铝合金汽车配件超声波清洗生产线设计 [J]. 机电技术, 2008（4）：40-41, 44.

[30] 杨继荣, 段广洪, 向东. 产品再制造的绿色模块化设计 [J]. 中国设备工程, 2007, 7：7-8.

[31] 李桂花, 孙绍彬. 废旧车床再制造的模块化设计研究 [J]. 制造技术与机床, 2009, 12：38-40.

[32] 马世宁, 孙晓峰, 朱胜. 机床数控化再制造 [J]. 中国表面工程, 2004, 4：6-9.

[33] 苏纯, 陈志伟, 崔鹏飞. 旧机床数控化再制造案例研究 [J]. 机械设计与制造工程, 2014, 1（43）：46-49.

[34] 时小军, 胡仲翔. 老旧机床数控化再制造技术研究与应用 [J]. 中国表面工程, 2006, 10（19）：46-49.

[35] 刘明周, 王 强, 赵志彪. 机械产品再制造装配过程动态工序质量控制系统 [J]. 计算机集成制造系统, 2014, 4（20）：817-824.

[36] 宋守许, 刘 明, 刘光复. 现代产品主动再制造理论与设计方法 [J]. 机械工程学报, 2016, 4（52）：133-140.

[37] 丁守宝, 刘富君. 无损检测新技术及应用 [M]. 北京：高等教育出版社, 2012.

[38] 刘燕德. 无损智能检测技术及应用 [M]. 武汉：华中科技大学出版社, 2007.

[39] 李国华, 吴淼. 现代无损检测与评价 [M]. 北京：化学工业出版社, 2009.

[40] 宋天民. 表面检测 [M]. 北京：中国石化出版社, 2012.

[41] 王跃辉. 目视检测 [M]. 北京：机械工业出版社, 2006.

[42] 郑世才. 数字射线无损检测技术 [M]. 北京：机械工业出版社, 2012.

[43] 宋天民. 超声检测 [M]. 北京：中国石化出版社, 2012.

[44] 徐滨士, 董丽虹. 再制造质量控制中的金属磁记忆检测技术 [M]. 北京：国防工业出版社, 2015.

[45] 李洪涛, 王 彪, 等. 浅谈再制造用毛坯件的鉴定检测 [J]. 理化检验-物理分册, 2015, 51：763-765.

[46] 姚巨坤, 崔培枝. 再制造检测工艺与技术 [J]. 新技术新工艺, 2009,（4）：1-3.

[47] 王彩芹. 废弃印刷线路板稀贵金属回收技术研究 [D]. 北京：北京工业大学, 2006.

[48] 詹路. 废弃印刷电路板中铅、镉、锌、铋金属的真空分离与回收 [D]. 上海：上海交通大学, 2009.

[49] 李钊. 从钕铁硼废料中提取稀土氧化物 [D]. 包头：内蒙古科技大学, 2015.

[50] 柳荣厚. 材料成分检验 [M]. 北京：中国计量出版社, 2005.

[51] 高建明. 材料力学性能 [M]. 武汉：武汉理工大学出版社, 2004.

[52] 王从曾. 材料性能学 [M]. 北京：北京工业大学出版社, 2001.

[53] 唐受印, 戴友芝, 汪大翚. 废水处理工程 [M]. 北京：化学工业出版社, 2004.

[54] 高廷耀, 顾国雄. 水污染控制工程 [M]. 北京：高等教育出版社, 1999.

[55] 蒲恩奇. 大气污染治理工程 [M]. 北京：高等教育出版社, 1999.

[56] 聂水丰. 三废处理工程技术手册—固体废物卷 [M]. 北京：化学工业出版社, 2000.

[57] GEORGE TCHOBANOGLOUS, Hilary Theisen, Samuel Vigil. Integrated Solid Waste Management—Engineering Prineiples and Management Issues [M]. 北京：清华大学出版社. 2000.

[58] 杨国清. 固体废物处理工程 [M]. 北京：科学出版社. 2000.

[59] 黄涛. 温度与生物降解耦合作用对城市生活垃圾填埋体渗透性能影响研究 [J]. 学术动态, 2009（2）：26-28.

[60] 刘培英. 再生铝生产与应用 [M]. 北京：化学工业出版社, 2007.

[61] KVITHYLD ANNE. The recycling of contaminated Al scrap [J]. Aluminium International Today, 2011, 23（4）：26-29.

[62] 范超, 唐清春. 再生铝杂质元素的去除方法 [J]. 热加工工艺, 2011（40）：69-72.

[63] 肖亚庆. 铝加工技术实用手册 [M]. 北京：冶金工业出版社, 2004.

[64] 陈津, 赵晶, 张猛. 金属回收与再生技术 [M]. 北京：化学工业出版社, 2011.

[65] 章光全. 再生铝合金中富铁相形貌及其控制机理研究 [D]. 上海：上海大学，2004.

[66] 高卫健. 硼化物对铝熔体中杂质铁的净化作用及机理 [D]. 上海：上海交通大学，2009.

[67] 葛维燕. 再生铝合金除铁研究 [D]. 上海：上海交通大学，2009.

[68] 孙德勤，徐越，戴国洪，等. 熔剂法去除废铝熔体中铁元素的试验研究 [J]. 铸造，2016，65（1）：80-83.

[69] 孙德勤，戴国洪，徐越. 废铝熔体中去除 Cr 元素的试验研究 [J]. 轻合金加工技术，2016，44（1）：24-28.

[70] 孙德勤，徐正亚，戴军. 废铝熔体中去除夹杂铁元素的工艺试验 [J]. 铸造技术，2016，37（1）：95-98.

[71] 孙德勤，戴国洪，徐越. 废铝熔体中去除镁元素的工艺研究 [J]. 特种铸造及有色合金，2015，35（10）：1020-1023.

[72] 孙德勤，徐越，徐正亚，等. 废铝再生去除夹杂硅元素的工艺研究 [J]. 铸造，2015，64（9）：883-886.

[73] 孙德勤，戴国洪，徐越. 熔剂法去除废铝熔体中镁的试验研究 [J]. 轻合金加工技术，2015，43（12）：23-27.

[74] 方海峰，黄永和，王可. 报废汽车非金属材料回收利用技术研究 [J]. 汽车技术，2007（12）：45-49.

[75] 魏长庆，龙苏华，张素莲. 报废汽车非金属材料回收利用技术综述 [J]. 汽车与配件，2016（2）：74-77.

[76] 方海峰. 面向循环经济的汽车产品回收利用若干问题研究 [D]. 长沙：湖南大学，2009.

[77] 邱军，李娜，刘光富. 废弃线路板中非金属材料再利用的研究进展 [J]. 工程塑料应用，2011，39（2）：91-95.

[78] 吴子健，吴朝军，曾克里，等. 热喷涂技术与应用 [M]. 北京：机械工业出版社，2005.

[79] 王娟，等. 表面堆焊与热喷涂技术 [M]. 北京：化学工业出版社，2004.

[80] 徐滨士，刘世参. 表面工程新技术 [M]. 北京：国防工业出版社，2002.

[81] 王新洪，邹增大，曲仕尧. 表面熔融凝固强化技术——热喷涂与堆焊技术 [M]. 北京：化学工业出版社，2005.

[82] 曹晓明，温鸣，杜安. 现代金属表面合金化技术 [M]. 北京：化学工业出版社，2006.

[83] 孙家枢. 热喷涂科学与技术 [M]. 北京：冶金工业出版社，2013.

[84] 李国英. 材料及其制品表面加工新技术 [M]. 长沙：中南大学出版社，2003.

[85] 张永康，周建忠，叶云霞. 激光加工技术 [M]. 北京：化学工业出版社，2004.

[86] 李嘉宁. 激光熔覆技术及应用 [M]. 北京：化学工业出版社，2015.

[87] 陈祝平. 特种电镀技术 [M]. 北京：化学工业出版社，2004.

[88] 徐滨士，朱绍华，刘世参. 材料表面工程 [M]. 哈尔滨：哈尔滨工业大学出版社，2005.

[89] 陈江，刘玉兰. 激光再制造技术工程化应用 [C]. 青年再制造工程学术论坛，2006：50-55.

[90] 张伟，郭永明，陈永雄. 热喷涂技术在产品再制造领域的应用及发展趋势 [J]. 中国表面工程，2011，24（6）：1-10.

[91] 王晶晨，贾国平，白冰，等. 液压支架零部件防腐及再制造工艺研究进展 [J]. 材料导报，2015，29（21）：112-117.

[92] 徐滨士，董世运，朱胜，等. 再制造成形技术发展及展望 [J]. 机械工程学报，2012，48（15）：96-105.

[93] 查柏林，王汉功，苏勋家，等. 超音速喷涂技术在再制造中的应用 [J]. 中国表面工程，2006，19（z1）：174-177.